Franz-Josef Hölzen

Kein Wärmeschutz ohne Feuchteschutz

Franz-Josef Hölzen

Kein Wärmeschutz ohne Feuchteschutz

Gebäudeabdichtung und Dämmung im erdberührten Bereich

2., durchgesehene Auflage

Fraunhofer IRB Verlag

Bibliografische Information der Deutschen Nationalbibliothek:
Die Deutsche Nationalbibliothek verzeichnet diese Publikation in der Deutschen Nationalbibliografie; detaillierte bibliografische Daten sind im Internet über www.dnb.de abrufbar.

ISBN (Print): 978-3-8167-9592-6
ISBN (E-Book): 978-3-8167-9593-3

Umschlaggestaltung: Martin Kjer
Herstellung: Andreas Preising
Satz: Fraunhofer IRB Verlag
Druck: BoD – Books on Demand, Norderstedt

Fraunhofer-Informationszentrum Raum und Bau IRB
Nobelstraße 12, 70569 Stuttgart
Telefon +49 711 970-2500
Telefax +49 711 970-2508
irb@irb.fraunhofer.de
www.baufachinformation.de

Vorwort

Um die Ursachen für die Feuchteschäden verstehen zu können ist es erforderlich, dass auch das Zusammenwirken von Feuchtigkeit und Wärmeschutz als Verursacher erkannt werden muss. Gerade dem Feuchteschutz kommt bei hochwertigen technologischen Lösungen des Wärmeschutzes eine zentrale Bedeutung zu, und dies natürlich vor allen Dingen im Bereich von Maßnahmen im erdberührten Bereich. Gerade im Wohnungsbau treten durch Feuchtigkeit erhebliche Probleme auf, so z. B. durch mangelhafte Planung und Ausführung einer Bauwerksabdichtung oder wenn durch Tauwasserbildung aufgrund unzureichender Dämmmaßnahmen Feuchtigkeitsschäden entstehen. Hinzu kommt die Wasseraufnahme im Fassaden- und Sockelbereich, so dass sich insgesamt ein erhöhter Feuchtewert im Gebäude einstellt. Betrachtet man den Zusammenhang zwischen Feuchtegehalt und Wärmeleitfähigkeit, kommt man sehr schnell zu dem Ergebnis, dass je nach Baustoff oder Dämmstoff eine erhebliche Reduktion der Wärmedämmfähigkeit oder eine erhebliche Erhöhung der Wärmeleitfähigkeit in Abhängigkeit vom Feuchtegehalt auftritt.

Die geltende Energieeinsparverordnung gilt auch für beheizte Untergeschosse, wobei die technischen Anforderungen und Festlegungen zum Mindestwärmeschutz in der DIN 4108-2 beschrieben sind. In der DIN 4108-3 sind Bauteile beschrieben, für die kein rechnerischer Tauwasser-Nachweis erforderlich ist.

Keller waren ursprünglich eine Pufferzone gegen Feuchtigkeit. Da in der ferneren Vergangenheit keine hochwertigen und dauerhaften Abdichtungssysteme zur Verfügung standen, bildete der (unbewohnbare) Keller die aus gesundheitlichen und bautechnischen Gründen erforderliche Sperrschicht. Dieser Bereich war feucht und muffig, höchstens als Lagerraum und zur Aufnahme der Heizung geeignet.

Die Lebensgewohnheiten haben sich im Vergleich zu denen der Erbauer älterer Wohngebäude erheblich geändert und die Räume werden als Hobbyräume oder Arbeitszimmer genutzt.

Gerade bei der Auswahl der Baustoffe, in Abhängigkeit der Nutzung solcher Bauwerke/ Bauteile im Kellerbereich sind umfangreiche Kenntnisse der Bauphysik erforderlich.

Dieses bedeutet, dass bei hochwertiger Nutzung alle am Bau Beteiligten, wie Bauherr, Planer, Bauphysiker, Bauunternehmer usw., hier besonders die Aufgabe der Planung, Ausschreibung und Ausführung im Auge haben müssen.

Die Objektplanung sollte unter Hinzuziehung von Fachplanern entscheiden, welche Abdichtungsart und Wärmedämmung hier verwendet wird. Dieses gilt sowohl für den

Neubau als auch für die Instandsetzung, egal ob im Detail oder in der Fläche die »Neue Abdichtung« durchzuführen ist.

Die Ursache für die Verschlechterung des Wärmedämmvermögens ist hauptsächlich darin zu sehen, dass mit Wasser gefüllte Poren erheblich höhere Wärmemengen übertragen können als luftgefüllte Poren. Umso wichtiger scheint hier die fachgerechte Planung und Ausführung der Bauwerksabdichtung zu sein.

Der folgende Beitrag soll ein Wegweiser sein, der für Planer und Ausführende zusammenfasst, was durch Erfolge in der Praxis belegbar und jederzeit nachvollziehbar ist.

Löningen, im März 2016

Franz-Josef Hölzen

Inhaltsverzeichnis

1 Kein Wärmeschutz ohne Feuchteschutz im erdberührten Bereich

Gerade dem Feuchteschutz kommt bei hochwertigen technologischen Lösungen des Wärmeschutzes eine zentrale Bedeutung zu. Und dies natürlich hauptsächlich im Bereich von Maßnahmen im Baubestand. Man muss davon ausgehen, dass die Mehrzahl unserer alten Gebäude weder bezüglich Wärmeschutz noch bezüglich Feuchteschutz annähernd unseren heutigen Vorstellungen entspricht. Man weiß, dass gerade im Wohnungsbestand durch Feuchtigkeit erhebliche Probleme auftreten, z. B. durch aufsteigende Mauerfeuchtigkeit, durch mangelhafte Abdichtungen oder hygroskopische Wasseraufnahme bei entsprechender Versalzung oder durch Tauwasserbildung aufgrund unzureichender Dämmmaßnahmen. Hinzu kommt die kapillare Wasseraufnahme im Fassaden- und Dachbereich, so dass sich insgesamt ein erhöhter Feuchtewert im Gebäude einstellt. Wird nun der Zusammenhang zwischen Feuchtegehalt und Wärmeleitfähigkeit betrachtet, kommt man sehr schnell zu dem Ergebnis, dass je nach Baustoff oder Dämmstoff eine erhebliche Reduktion der Wärmedämmfähigkeit oder anders ausgedrückt, eine erhebliche Erhöhung der Wärmeleitfähigkeit in Abhängigkeit vom Feuchtegehalt auftritt.

1.1 Zusammenhang zwischen Feuchteschutz und Wärmeschutz

Auf diese Zusammenhänge wurde in den letzten 30 Jahren häufig aufmerksam gemacht, ohne dass sie in das allgemeine Bewusstsein oder in die allgemeinen Richtlinien entsprechend ihrer Bedeutung eingebaut wurden. So wird z. B. in einem Gutachten des Instituts für Bauforschung e. V. in Hannover aus dem Jahre 1981 festgestellt, dass sich durch eine einfache hydrophobierende Imprägnierung einer Leichtbetonaußenwand deren Wärmedurchlasswiderstand um ca. 10 % erhöht, die Wärmeleitfähigkeit wird dementsprechend verringert. In der Bewertung dieser Ergebnisse weist das Institut darauf hin, dass demzufolge die Hydrophobierung von Außenwänden als eine wirksame Maßnahme zur Einsparung von Energie bei der Beheizung von Gebäuden angesehen werden kann. Besonders in Anbetracht der steigender Heizkosten ist dies von großer Bedeutung.

Des Weiteren haben J. Achtziger und J. Cammerer vom Forschungsinstitut für Wärmeschutz e. V. [Weber, H., Kopplung zwischen Wärme- und Feuchteschutz. Löningen: Remmers Baustofftechnik GmbH, 2009] Zusammenhänge zwischen Feuchtegehalt und Wärmeleitfähigkeit bei verschiedensten Dämmstoffen und Baustoffen untersucht. Nach den Ergebnissen dieses Berichtes erhöht sich z. B. die Wärmeleitfähigkeit in Mineralfaserdämmstoffen bei einem massebezogenem Feuchtegehalt von 10 % etwa auf den doppelten Wert. Das heißt wiederum, dass sich die Wärmedämmfähigkeit halbiert. Bei Baustoffen sind die Verhältnisse ähnlich. Daraus ergibt sich die grundsätzliche Forderung, dass Fassaden- oder Bautenschutz heute als eine Koppelung zwischen Feuchteschutz und Wärmeschutz zu sehen ist. Um einen optimalen Wärmeschutz erreichen zu können, ist es deshalb notwendig, zunächst den Feuchtegehalt in Baustoffen zu minimieren, das heißt die Baustoffe oder die Bausubstanz auf den so genannten Gleichgewichtsfeuchtewert einzustellen oder abzutrocknen. Dies bedeutet, dass in den betroffenen Bereichen des Kellermauerwerks und des aufgehenden Mauerwerks entsprechende wirkungsvolle Abdichtungsmaßnahmen gegen die flüssige und die gasförmige Wasseraufnahme zu treffen sind. Erst wenn diese Probleme gelöst sind, kann auch der Wärmeschutz, der dann auch den Feuchteschutz übernehmen muss, optimal gestaltet werden.

2 Anforderungen aus den Abdichtungsregeln

2.1 Die Abdichtungsnorm DIN 18195

Diese Bauwerksabdichtungsnorm beschreibt Bauwerksabdichtungen aller Art, im Teil 1 zum Beispiel die Grundsätze, Definitionen, Zuordnungen der Abdichtungsarten. In jedem Normenteil wird auf die Gültigkeit und auch die weitere Vorgehensweise hingewiesen, wie beispielsweise: *»Diese Norm wurde vom NABauArbeitsausschuss »Bauwerksabdichtungen« erarbeitet. Die Normen der Reihe DIN 18195 »Bauwerksabdichtungen« wurden erstmals 1983 herausgegeben. Bei der nunmehr vorgenommenen Überarbeitung wurde die Norm in einer ersten Stufe an die wesentliche Entwicklung im Bereich der Bauwerksabdichtungen angepasst.« [Quelle: DIN 18195, Teil 1].*

Die weitere Vorgehensweise bei der Bearbeitung der Normenreihe DIN 18195 »Bauwerksabdichtungen« soll nach dem Beschluss des Arbeitsausschusses so aussehen, dass nach der Veröffentlichung der DIN 18195, Teil 1 bis 6 weitere Überarbeitungsphasen vorgesehen sind.

In der ersten Phase der Überarbeitung werden die Teile 8 bis 10 an die geänderten Teile 1 bis 6 angeglichen. Der Teil 7 bedarf einer umfangreichen Änderung, die für die zweite Phase vorgesehen ist. In der zweiten Phase werden alle 10 Teile der Norm grundlegend überarbeitet. Dabei soll auch über Festlegungen für Abdichtungen mit bisher nicht in die Normenreihe aufgenommenen Produkten, wie z. B. mineralischen Dichtungsschlämmen, Abdichtungen mit Flüssigkunststoffen sowie weiteren Kunststoff-Dichtungsbahnen mit oder ohne Selbstklebeschicht beraten werden. Hierzu werden Kriterien zur Aufnahme dieser Produkte in die Normenreihe DIN 18195 vom Arbeitsausschuss aufgestellt.

In der zweiten Phase der Überarbeitung sollen alle Teile der DIN 18195-1 bis 10 angeglichen werden. Nachdem die Teile 8 bis 10 der DIN 18195 an die aktualisierten Teile 1 bis 6 angeglichen und veröffentlicht wurden, wurde in der zweiten Überarbeitungsphase, in der alle 10 Teile der Normenreihe DIN 18195 grundlegend überarbeitet werden sollten, durchgeführt. Wie dem Vorwort zur DIN 18195 zu entnehmen war, sollte in dieser zweiten Phase über eine Reihe unterschiedlicher Aspekte beraten werden.

2.2 Aktueller Stand der Normung DIN 18195

Es standen eine Reihe neuer Abdichtungsprodukte bzw. Bauweisen zur Aufnahme in diese Normenreihe zur Beratung an, wie zum Beispiel:

- Mineralische Dichtungsschlämmen (MDS)
- Flüssigkunststoffe für Bauwerksabdichtungen
- Abdichtungen im Verbund mit Fliesen und Platten (Nassraumabdichtungen)
- Aufnahme der Kombinationsbauweise (wasserdichter Anschluss an WU-Betonbauteile)

Dieses wurde vom Prinzip in allen Punkten bis zum Herbst 2011 erledigt.

2.3 Änderung der DIN 18195 Teil 2, Teil 7 und Teil 9

Damit gemäß den geänderten Teilen 7 und 9 der DIN 18195 geplant und auch abgedichtet werden kann, musste zuerst der Teil 2: »Stoffe« überarbeitet werden, denn es mussten »Neue Stoffe« für die Anwendungsteile mitgenommen werden. Die Überarbeitung des Teils 2 »Stoffe« wurde unter anderem durch die neuen Europäischen Produktnormen notwendig, die vor allem Auswirkungen auf die DIN 18195-2 haben.

In der vorliegenden Norm wurde daher die Anpassung an die europäischen Produktnormen in Verbindung mit der Anwendungsnorm DIN V 20000-202 vorgenommen.

Außerdem wurden insbesondere im Rahmen der Überarbeitung der DIN 18195-7 weitere Stoffe aufgenommen, die in den Tabellen 6–9 DIN 18195 – Teil 2 dieser Norm genannt sind.

Wie die Angaben aus der CE-Kennzeichnung von Bauprodukten nach harmonisierten Europäischen Normen in Bezug auf die technischen Regeln für die Planung, Bemessung und Konstruktion von baulichen Anlagen und ihren Teilen zu verwenden sind, wird in den Anwendungsnormen der Reihe DIN V 20000 angegeben.

Tabelle 1: Normungsinhalt der DIN 18195

Teil 1 - 2000	Grundsätze, Definitionen, Zuordnung der Abdichtungsarten
Teil 2 - 2009	Stoffe
Teil 3 - 2000	Anforderungen an den Untergrund und Verarbeitung der Stoffe
Teil 4 - 2000	Abdichtung gegen Bodenfeuchtigkeit und nicht stauendes Sickerwasser
Teil 5 - 2000	Abdichtungen gegen nicht drückendes Wasser auf Deckenflächen und in Nassräumen
Teil 6 - 2000	Abdichtungen gegen von außen drückendes Wasser und aufstauendes Sickerwasser
Teil 7 - 2009	Abdichtungen gegen von innen drückendes Wasser
Teil 8 - 2004	Abdichtungen über Bewegungsfugen
Teil 9 - 2004 / A1 2010	Durchdringungen, Übergänge, An- und Abschlüsse
Teil 10 - 2004	Schutzschichten und -maßnahmen
Bbl. 1 2006 Ergänzungen 2011	Bauwerksabdichtungen – Beispiele für die Anordnung der Abdichtung

2.4 Änderung im Teil 2

Die Anforderungen an Abdichtungsstoffe wurden in den Tabellen 1 bis 9 festgelegt. Für welche Abdichtungsaufgaben diese Stoffe verwendbar sind und wie sie zu verarbeiten sind, ist in DIN 18195-3 bis DIN 18195-10 geregelt. Nachfolgende Abdichtungsstoffe wurden nun im Teil 2 aufgeführt:

- Tabelle 1: Klebemassen und Deckaufstrichmittel, heiß zu verarbeiten
- Tabelle 2: Asphaltmastix und Gussasphalt
- Tabelle 3: Bitumen- und Polymerbitumenbahnen
- Tabelle 4: Kunststoff- und Elastomerbahnen
- Tabelle 5: kalottengeriffelte Metallbänder
- Tabelle 6: Kunststoffmodifizierte Bitumendickbeschichtung
- Tabelle 7: Mineralische Dichtungsschlämmen für Bauwerksabdichtungen (MDS)
- Tabelle 8: Flüssig zu verarbeitende Abdichtungsstoffe im Verbund mit Fliesen- und Plattenbelägen (AIV)
- Tabelle 9: Flüssigkunststoffe für Bauwerksabdichtungen

Beispiele für Hilfsstoffe:

- Stoffe für Voranstriche, Grundierungen, Versiegelungen und Kratzspachtelungen
- Stoffe auf Basis von Bitumen als Lösung oder Emulsion
- Stoffe auf Reaktionsharzbasis
- Stoffe auf Kunststoffbasis als Lösung oder Dispersion
- Stoffe auf silikatischer Basis
- Stoffe für Trennschichten bzw. Trennlagen
- Ölpapier, mindestens 50 g/m^2
- Rohglasvliese nach DIN 52141
- Vliese aus synthetischen Fasern, mindestens 150 g/m
- Polyethylen-(PE-) Folie, mindestens 0,2 mm dick
- Lochglasvlies-Bitumenbahn, einseitig grob besandet
- Glasvliesbitumendachbahn V13
- Kunststoff- und Elastomerbahnen Beton, mindestens Güte C 8/10, nach DIN EN 206-1, Dicke mind. 50 mm
- Mörtel nach mindestens CS III DIN EN 998-1, Dicke mindestens 20 mm
- Mauerwerk, Dicke mindestens 115 mm
- Betonplatten, Dicke mindestens 50 mm
- Gussasphalt, Dicke mindestens 25 mm
- Perimeterdämmplatten aus Hartschaum oder Schaumglas
- Platten aus Hartschaum, Dicke mindestens 25 mm
- Bitumen- und Polymerbitumenbahnen nach Tabelle 3
- Noppenbahnen aus Polyolefine mit Gleit-, Schutz- und Lastverteilungsschicht, Dicke mindestens 0,8 mm
- Dränmatten/-platten, Dicke mindestens 25 mm

2.5 Kombinationsbauweise: A1 Änderung der DIN 18195 im Teil 9

DIN 18195-9 »Bauwerksabdichtungen – Teil 9: Durchdringungen, Übergänge, An- und Abschlüsse« ist mit Ausgabe Mai 2010 erschienen. Die Änderungen im Text, die sich aus DIN 18195-9/A1 ergeben, sind durch Änderungsmarken gekennzeichnet.

Diese Norm gilt auch für Übergänge der Bauwerksabdichtung auf Bodenplatten aus Beton mit hohem Wassereindringwiderstand nach der DAfStb-Richtlinie: *»Übergänge von Abdichtungen im erdberührten Bereich auf Bodenplatten aus Beton mit hohem Wassereindringwiderstand.«*

Bei Wassereinwirkung aus Bodenfeuchte und nichtstauendem Sickerwasser (siehe DIN 18195-4) sind keine gesonderten konstruktiven Maßnahmen erforderlich. Hinsichtlich Untergrund und Verarbeitung gelten die in DIN 18195-3 und -4 festgelegten Anforderungen.

Bei Abdichtungen gegen drückendes Wasser nach DIN 18195-6:2000-08, Abschnitt 9, werden an den Übergang zwischen der Abdichtung und dem WU-Betonbauteil zusätzliche Anforderungen gestellt, es wird unterschieden in Übergänge ohne und mit Einbauteilen.

Bei Ortbetonbauteilen ist der Untergrund mechanisch abtragend, z. B. durch Fräsen, so vorzubereiten, dass er frei von Verunreinigungen und losen Bestandteilen ist. Kanten müssen gefast und Kehlen gerundet sein.

Falls erforderlich, ist der Untergrund z. B. durch Auftragen von haftvermittelnden Stoffen (Grundierungen) vorzubehandeln, bevor die Abdichtung aufgebracht wird.

Für die Untergrundvorbereitung bzw. Untergrundvorbehandlung gelten des Weiteren die Angaben im allgemeinen baulichen Prüfzeugnis (abP) für den Abdichtungsübergang.

Erfolgt die Ausführung der Abdichtung nicht unmittelbar nach den Vorbehandlungsarbeiten des Untergrundes, so ist vor der Ausführung der Abdichtungsarbeiten der Untergrund erneut auf Verunreinigungen zu überprüfen. Diese sind dann zu entfernen.

2.5.1 Zu verwendende Stoffe und Ausführung

Für Übergänge an WU-Betonbodenplatten dürfen Stoffe nach DIN 18195-2:2010-05, Tabelle 6 verwendet werden, die für diesen speziellen Anwendungszweck über ein allgemeines bauaufsichtliches Prüfzeugnis verfügen, mit dem die Eignung des Produktes für die Verwendung im Übergang auf die WU-Betonbodenplatten nachgewiesen wurde. Die zugrundeliegenden Prüfungen erfolgen nach den »Prüfgrundsätzen zur Erteilung von allgemeinen bauaufsichtlichen Prüfzeugnissen für Produkte für Bauwerksabdichtungen im Übergang zu Bauteilen aus Beton mit hohem Wassereindringwiderstand gegen drückendes Wasser – PG-ÜBB« in der jeweils gültigen Fassung, veröffentlicht im amtlichen Teil der DIBt. Sie muss einen Nachweis über die Dauerhaftigkeit der Dichtheit des Überganges beinhalten. Es gelten die im abP genannten Verarbeitungsanweisungen.

Bei Übergängen an Bodenplatten ist die Abdichtung mindestens 150 mm breit auf die Stirnfläche der Bodenplatte zu führen. Auf den Schutz der fertig gestellten Abdichtung im Übergangsbereich ist zu achten.

2.5.2 Prüfung und Dokumentation

Die Art der durchgeführten Vorbereitungen am Untergrund ist zu dokumentieren. Nach Durchführung der Abdichtungsarbeiten ist das Ergebnis wie folgt zu prüfen: Bei Abdichtungen mit KMB ist die Abdichtung zu Prüfzwecken in Teilabschnitten über den 150 mm breiten Anschlussbereich weiter zu führen. In diesen Teilabschnitten ist die Durchtrocknung und/oder die Haftung am Untergrund zerstörend nach DIN 18195-3:2000-08, 5.4.4 zu prüfen. Die Prüfung ist einmal pro 10 m Übergangslänge, mindestens jedoch einmal je Bauwerksseite, vorzunehmen. Das Ergebnis ist zu dokumentieren.

2.5.3 Übergänge mit Einbauteilen bei bahnförmigen Abdichtungen

Mit Einbauteilen können die in DIN 18195-6:2000-08, Abschnitt 9 beschriebenen Bahnen angeschlossen werden.

Als Einbauteile können Los- und Festflansch-Konstruktionen sowie außenliegende Anschlussbänder (z. B. Fugenbänder) verwendet werden. Der Festflansch ist umlaufsicher in den Beton einzubauen. Die Los- und Festflanschkonstruktion ist nach 7.6 mit Einbauteilen nach Tabelle 1, Spalte 2, auszuführen. Die Anschlussbereiche der Flansche sind vor Einbau der Abdichtung zu reinigen. Fugenbänder müssen aus Materialien bestehen, die mit der Abdichtung homogen zu verschweißen sind (siehe DIN 18195–3:2000-08, 7.4). Die Fugenbänder sind in Anlehnung an DIN 18541-2 und nach DIN V 18197 in die WU-Betonbauteile umlaufsicher einzubauen.

2.5.4 Prüfung

Nach dem Ausschalen des Bauteils sind die sichtbaren Bereiche von Fugenbändern auf Beschädigungen zu untersuchen und zu reinigen. Festgestellte Mängel sind zu dokumentieren und zu beseitigen. Die Prüfung der Dichtigkeit des Anschlusses zwischen Dichtungsbahn und Fugenband erfolgt entsprechend DIN 18195-3:2000-08, 7.4.6. Diese Bauweise ist also eine Kombination aus der KMB-Richtlinie und DIN 18195.

Anwendungsbeispiele:

Bild 1: Mangelhafter Sohlenwandanschluss [Quelle: Hölzen]

Bild 2: Vorbereiteter Sohlenwandanschluss [Quelle: Hölzen]

Anwendungsbeispiele:

Bild 3: Herstellen der Fase [Quelle: Hölzen]

Bild 4: Auftrag einer Haftschlämme [Quelle: Hölzen]

Vorarbeiten:

Bild 5: Grundierung im Wandaufsatzbereich [Quelle: Hölzen]

Bild 6: Eingebaute Dichtungskehle u… …ierung für die Fläche [Quelle: Hölzen]

Bild 7: Herstellen des Hinterfeuchtungsschutzes [Quelle: Hölzen]

Bild 8: Wasserdichter Anschluss mit Dichtungsschlämmen [Quelle: Hölzen]

2.5.5 Aktueller Stand der Normung DIN 18195, kurzfristige Planung

Nachdem die DIN 18195 Teil 2 und Teil 7 überarbeitet und ergänzt wurde, wurden die anderen Teile der Normenreihe angepasst. Zudem erfolgte eine kurzfristige redaktionelle Anpassung an die DIN 18195-2. Die Teile 1, 3, 4, 5, 6, 8 und 10 der DIN 18195 wurden umgesetzt als A1 Änderung.

Die Verwendung der »weiteren neuen Stoffe« wird im Rahmen der kurzfristigen Überarbeitung der DIN 18195 nicht geregelt. Diese Arbeiten wurden bis zum Herbst 2011 durchgeführt und die DIN 18195 ist somit in allen Teilen anwendbar. Seit diesem Zeitpunkt wird nun von den Arbeitsausschüssen inhaltlich an mehreren Konzepten gearbeitet.

3 Neustrukturierung der Abdichtungsnorm

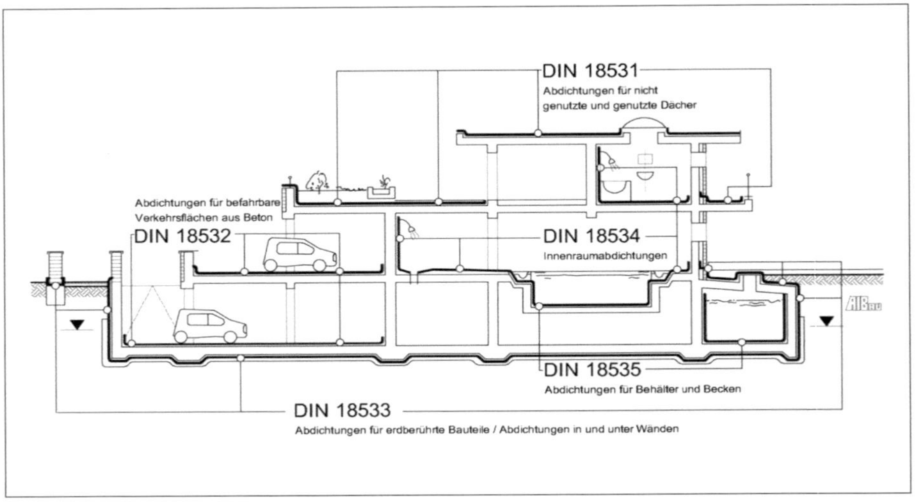

Bild 9: DIN Skizze [auszugsweise aus der Bearbeitung der DIN 18533 bzw. AIBAU, Prof. Dr. Oswald]

Die DIN 18533 wird in Zukunft in drei Teile gegliedert sein:

- Teil 1
beschreibt Anwendungsgebiete, Begriffe, Wassereinwirkungsklassen, Planungsgrundsätze, Anforderungen an die Abdichtung, Grundsätze der Detailgestaltung und enthält alle nicht abdichtungsstoffbezogenen Angaben.

- Teil 2
beschreibt alle Regeln für bahnenförmige Abdichtungsstoffe, wobei eine Untergliederung nach Stoffgruppen vorgenommen wird; z. B.:
  - Abdichtungen aus Bitumenbahnen
  - Abdichtungen aus Kunststoff- und Elastomerbahnen

- Teil 3
beschreibt alle Regeln für flüssige Abdichtungsstoffe.
  - Abdichtungen aus kunststoffmodifizierten Bitumendickbeschichtungen
  - Abdichtungen aus mineralischen Dichtungsschlämmen
  - Abdichtungen aus Reaktionsharzen
  - Abdichtungen aus Asphaltmastix und Gussasphalt.

3.1 Anwendungsbereich

DIN 18533 Abdichtungen für erdberührte Bauteile, Abdichtungen in und unter Wänden, gliedert sich in Zukunft wie folgt:

- Normative Verweisungen
  - Anforderungen an die Abdichtung, an den Abdichtungsuntergrund, an Übergänge, An- und Abschlüsse und Durchdringungen, an Bewegungsfugen, Schutzschichten und Hilfsstoffe
  - Einwirkungen und Nutzungsklassen
  - Wassereinwirkungen
  - Lasteinwirkungen
  - sonstige äußere Einwirkungen
  - Einwirkungen aus dem Untergrund
  - Raumnutzungsklassen
  - bauliche Erfordernisse
  - Risse im Bauwerk
  - Elementdecken bei erdüberschütteten Decken
  - Untergrundbeschaffenheit
  - Einbettung und Einpressung der Abdichtung
  - Temperaturbeanspruchungen
  - Wasserführung auf erdüberschütteten Decken
  - Stoffe
  - Abdichtungsstoffe und deren Verarbeitung
  - Zuordnung der Stoffe und Abdichtungssysteme und zu den Rissklassen
  - Planungsgrundsätze.

- Allgemeines
  - Vermeidung unnötig hoher Wassereinwirkungen
  - einwirkende Lasten
  - Wahl der Abdichtungsart
  - Abdichtung für erdberührte Bauteile bei W1-E
  - Abdichtung für erdberührte Wand-, Boden- und Deckenflächen bei W2-E
  - Abdichtung erdüberschütteter Deckenflächen
  - Abdichtungen in und unter Wänden
  - Querschnittsabdichtungen
  - Fußpunktabdichtungen
  - Übergang zwischen Boden- und Wandabdichtung bei W2.1-E und W2.2-E

- Unter anderem werden weitere folgende Details beschrieben:
  - Abschluss der Abdichtung an aufgehenden Bauteilen (Sockelabschluss)
  - Durchdringungen (Rohrdurchführungen, Abläufe, Verankerungen)
  - Bewegungsfugen
  - Lichtschächte und Kelleraußentreppen
  - Schutzschichten
  - Baugrubenverfüllung
  - Prüfung.

4 Planungsaspekte

Aus den Wassereinwirkungen und Nutzungsklassen resultieren die Abdichtungen auf erdberührten Wandbauteilen und Bodenplatten, auf erdüberschütteten Decken sowie Abdichtungen in und unter Wänden in unterschiedlicher Intensität durch flüssiges Wasser. Die über das Gelände/Belag hinausreichenden Abschlüsse der Abdichtungen der Wassereinwirkungsklasse W1-E bis W3-E werden auch durch Kapillarwasser, Spritzwasser, Schlagregen und Oberflächenwasser beansprucht (siehe Wassereinwirkungsklasse W4-E). Dies ist bei der Gestaltung der Abschlüsse zu beachten.

4.1 Folgende Wassereinwirkungsklassen sind zu unterscheiden:

- Bei Bodenfeuchte im Sinne dieser Norm handelt es sich um kapillargebundenes und durch Kapillarkräfte auch entgegen der Schwerkraft transportiertes Wasser (Saugwasser, Haftwasser, Kapillarwasser), mit dem im Baugrund immer zu rechnen ist.
- Nicht drückendes Wasser bei stark wasserdurchlässigem Baugrund liegt vor, wenn in tropfbar flüssiger Form anfallendes Wasser von der Oberfläche des Geländes bis zum freien Grundwasserstand absickern und sich auch nicht vorübergehend, z. B. bei starken Niederschlägen, aufstauen kann. Mit dieser Feuchtigkeitsbeanspruchung darf nur gerechnet werden, wenn das Baugelände bis zu einer ausreichenden Tiefe unter der Fundamentsohle und auch das Verfüllmaterial der Arbeitsräume aus stark durchlässigen Böden, z. B. Sand oder Kies besteht. Dies erfordert bei Böden einen Wasserdurchlässigkeitsbeiwert $k > 10^{-4}$ m/s (nach DIN 18130-1). Der Durchlässigkeitsbeiwert ist im Zweifelsfall durch eine Baugrunduntersuchung zu ermitteln. Eine »ausreichende« Tiefe der stark durchlässigen Bodenschichten liegt vor, wenn in Abhängigkeit von der Wasserdurchlässigkeit der unterlagerten Bodenschichten und der Menge des in den Arbeitsraum eindringenden Oberflächenwassers und drückenden Wassers eine die erdberührten Bauteile beanspruchende Stauwasserbildung sicher vermieden wird.
- Nicht drückendes Wasser durch Dränung: Bei wenig durchlässigen Böden mit einem Durchlässigkeitsbeiwert $k \leq 10–4$ m/s muss damit gerechnet werden, dass in den Arbeitsraum eindringendes Oberflächen- und Sickerwasser vor den Bauteilen zeitweise aufstaut und diese als Druckwasser beansprucht. Wird diese Druckwassereinwirkung durch eine Dränung nach DIN 4095, deren Funktionsfähigkeit auf Dauer sichergestellt ist, verhindert, so tritt auch bei wenig durchlässigem Baugrund nur nicht drückendes Wasser auf.

- *W1.1-E bei Bodenplatten – Beanspruchung durch Bodenfeuchte:* Bei erdberührten Bodenflächen, die oberhalb des Bemessungswasserstands auf stark durchlässigem Baugrund (oder Bodenaustausch) liegen – dies trifft z. B. häufig bei Bodenplatten nicht unterkellerter Gebäude zu –, ist die Wassereinwirkung auf Kapillarwasser beschränkt. Sickerströmungen sind in diesen Bauteilen nicht zu erwarten.

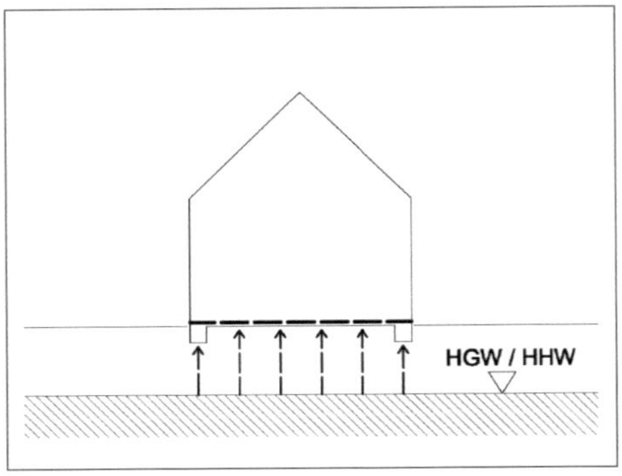

Bild 10: W1.1-E Bodenfeuchte bei Bodenplatten, DIN Skizze [auszugsweise aus der Bearbeitung der DIN 18533 bzw. AIBAU, Prof. Dr. Oswald]

- *W1.2-E Bodenfeuchte und nicht drückendes Wasser bei erdberührten Wänden – Beanspruchung durch Bodenfeuchte und nicht drückendes Wasser W1-E durch Bodenfeuchte* liegt bei erdberührten Wänden in stark wasserdurchlässigem Baugrund und mit stark wasserdurchlässiger Baugrubenverfüllung ($k > 10^{-4}$ m/s) vor, wenn die zu schützenden Gebäudeteile oberhalb des Bemessungsgrundwasserstands und/ oder Bemessungshochwasserstands liegen.

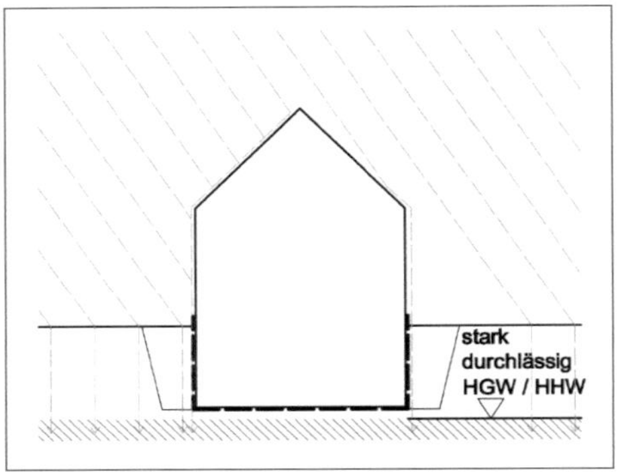

Bild 11: W1.2-E bei erdberührten Wänden DIN Skizze [auszugsweise aus der Bearbeitung der DIN 18533 bzw. AIBAU, Prof. Dr. Oswald]

- *W1-E bei erdberührten Wänden und Bodenplatten – Beanspruchung durch Bodenfeuchte* und nicht drückendes Wasser *mit Dränung:* Erdberührte Wandbauteile und Bodenplatten sind auch W1-E zuzuordnen, wenn trotz wenig wasserdurchlässigem Baugrund durch eine sachgerechte Dränung Stauwasser zuverlässig vermieden wird. Eine sachgerechte Dränung erfordert filterfeste Dränschichten vor den zu schützenden Bauteilen, funktionsfähige Dränleitungen, Spül- und Kontrollvorrichtungen und eine rückstausichere Ableitung des anfallenden Wassers in eine zuverlässige Vorflut. Die Bauteile müssen oberhalb des Bemessungsgrundwasser- und des Bemessungshochwasserstands liegen.

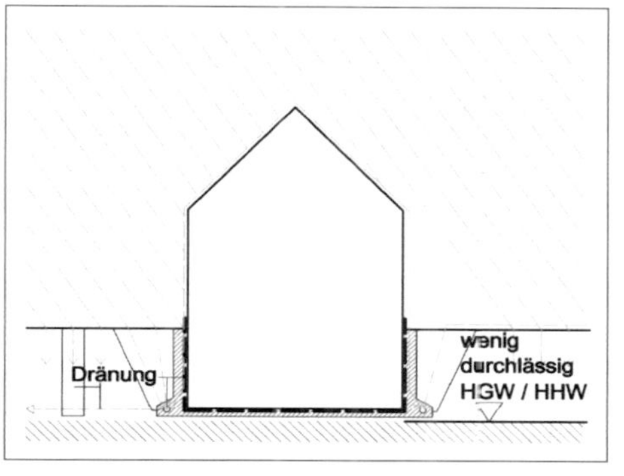

Bild 12: W1-E mit Dränung, DIN Skizze [auszugsweise aus der Bearbeitung der DIN 18533 bzw. AIBAU, Prof. Dr. Oswald]

Wird bei wenig durchlässigen Böden mit einem Durchlässigkeitsbeiwert $k \leq 10^{-4}$ m/s nicht gedränt, so beansprucht das aufstauende Wasser die Abdichtung als Druckwasser. Dann liegt W2.1-E oder W2.2-E vor.

- *W2-E – Beanspruchung erdberührter Bauteile durch von außen einwirkendes Druckwasser:* Von außen drückendes Wasser kann als Grundwasser, Hochwasser oder Stauwasser einwirken.
  - Grundwasser im Sinne dieser Norm liegt vor, wenn die Porenräume des Bodens vollständig wassergefüllt sind, sich ein in der Regel großräumig messbarer Wasserspiegel im Boden ausbildet und das Wasser wechselnd oder ständig auf die Abdichtung einen hydrostatischen Druck ausübt. Der höchste Grundwasserstand »Bemessungsgrundwasserstand« (HGW) und die mögliche Grundwasserspiegelschwankungsbreite zum niedrigsten Grundwasserstand (NGW) können in der Regel durch geotechnische Untersuchungen, insbesondere Baugrunderkundungen vor Ort und die Auswertung der langjährigen Ganglinien benachbarter Pegel ermittelt werden. Bei der Ermittlung des Bemessungsgrundwasserstands sind ggf. wasserwirtschaftliche Einflussfaktoren und deren Dauer zu berücksichtigen.

- Hochwasser im Sinne dieser Norm liegt vor, wenn aufgrund des Wasserstands oberirdischer Gewässer die erdberührten Bauteile und die aufgehenden oberirdischen Bauteile zeitweise durch Druckwasser belastet werden. Der Bemessungshochwasserstand (HHW) kann in der Regel bei den zuständigen Institutionen erfragt werden.
- Stauwasser im Sinne dieser Norm liegt vor, wenn das Gebäude in wenig wasserdurchlässigem Baugrund errichtet und durch Oberflächen-, Sicker-, oder Schichtenwasser beansprucht wird, ohne dass eine Dränung Wasseransammlungen im Porenraum der wasserdurchlässigeren Verfüllung des ehemaligen Arbeitsraums verhindert. Dieses Wasser staut vor der Bauwerksabdichtung auf und beansprucht diese als Druckwasser. Höhe und Dauer dieser Druckwasserbelastung sind von der Durchlässigkeit des Baugrunds und der Menge des in den ehemaligen Arbeitsraum eindringenden Oberflächen-, Sicker- und Schichtenwassers abhängig. Da beide Einflussgrößen in der Regel nicht genau quantifizierbar sind, wird grundsätzlich bei der Planung davon ausgegangen, dass die Stauwasserbelastung bis Oberkante Gelände reichen kann, aber nur in Ausnahmefällen dauernd einwirkt, da in der Regel der Baugrund nicht wasserundurchlässig ist. Je nach Höhe der Druckwassereinwirkung werden folgende Wassereinwirkungsklassen unterschieden.

- *W2.1-E – mäßige Einwirkung von drückendem Wasser: Abdichtungen von Kelleraußenwänden und Bodenplatten,* die unter folgenden Randbedingungen durch Stauwasser, Grundwasser oder Hochwasser bis maximal 3 m Wassersäule beansprucht werden.
  Situation 1: Stauwasser bis 3 m, die Abdichtungsebene liegt/reicht maximal bis 3 m unter OK Gelände. Die erdberührten Bauteile befinden sich ohne Dränung nach DIN 4095 in wenig durchlässigen Böden ($k < 10^{-4}$ m/s), so dass Stauwasser zu erwarten ist.

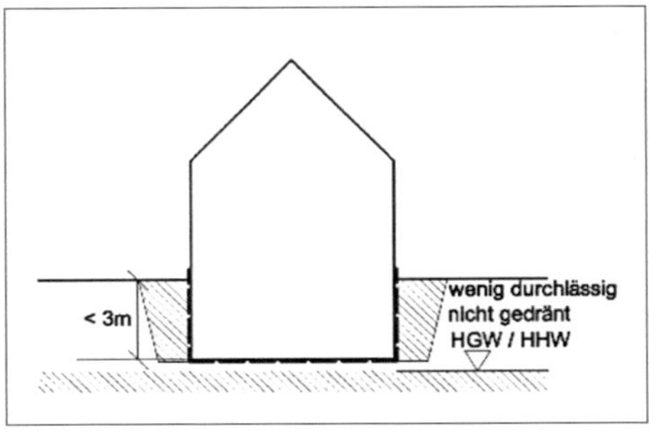

Bild 13: W2.1-E – mäßige Einwirkung von drückendem Wasser, (Situation 1) DIN Skizze [auszugsweise aus der Bearbeitung der DIN 18533 bzw. AIBAU, Prof. Dr. Oswald]

Situation 2: Grundwassereinwirkung höchstens 3 m, die Abdichtungsebene liegt im Grundwassereinwirkungsbereich von ≤3 m Höhe.

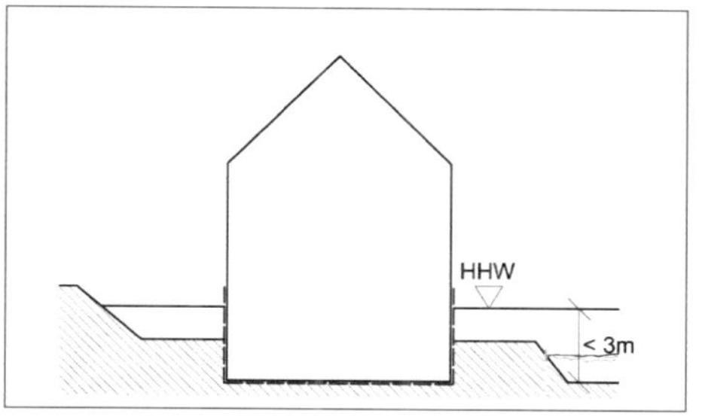

Bild 14: W2.1-E – mäßige Druckwassereinwirkung (Situation 2), DIN Skizze [auszugsweise aus der Bearbeitung der DIN 18533 bzw. AIBAU, Prof. Dr. Oswald]

Situation 3: Hochwasserbeanspruchung max. 3 m, die Abdichtungsebene liegt im Bereich des Hochwassers oberirdischer Gewässer. Die Druckwassereinwirkung beträgt max. 3 m.

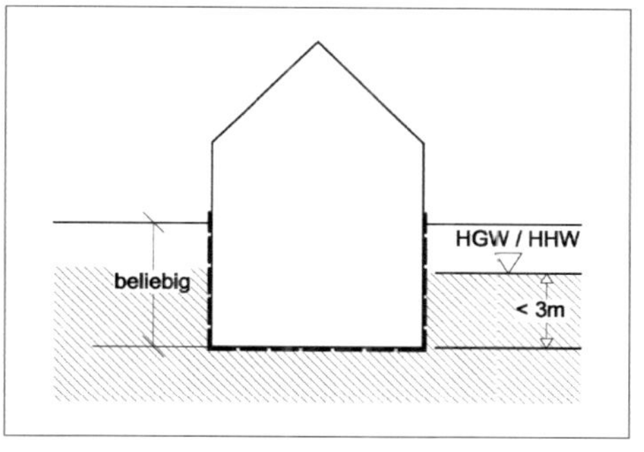

Bild 15: W2.1-E – mäßige Druckwassereinwirkung, Situation 3

- *W2.2-E – hohe Einwirkung von drückendem Wasser*
  Situation 1: Stauwasser mindestens 3 m: Die Abdichtungsebene der erdberührten Bauteile reicht/liegt mehr als 3 m unter Oberkante Gelände. Die Bauteile befinden sich in wenig durchlässigem Boden und sind nicht gedränt. Es wirkt daher im ungünstigsten Fall mehr als 3 m hoch Stauwasser ein.)

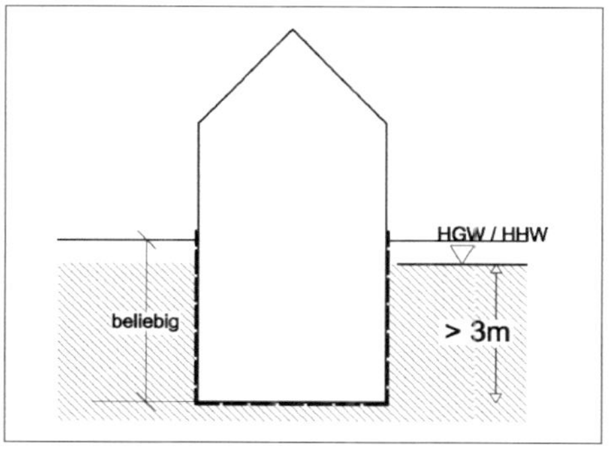

Bild 16: W 2.2-E – hohe Druckwassereinwirkung, Situation 1 (auszugsweise aus der Bearbeitung der DIN 18533 bzw. AIBAU, Prof. Dr. Oswald)

Situation 2: Grundwasser oder Hochwasser mindestens 3 m: Die Abdichtungsebene wird bei Höchstwasserstand mehr als 3 m hoch durch Druckwasser belastet.

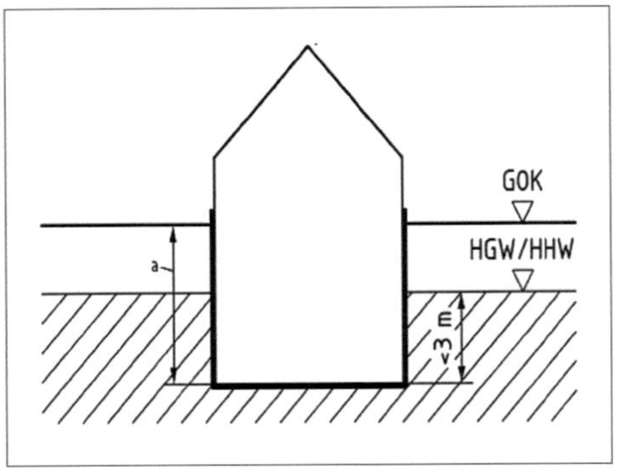

Bild 17: W 2.2-E – hohe Druckwassereinwirkung, Situation 2, [auszugsweise aus der Bearbeitung der DIN 18533 bzw. AIBAU, Prof. Dr. Oswald]

- *W3-E – nicht drückendes Wasser auf erdüberschütteter Decke*
  Auf eine erdüberschüttete Decke wirkt Niederschlagswasser ein, das durch die Erdüberschüttung bis zur Abdichtung absickert und dort durch Dränschichten ohne Stauwasserbildung abgeleitet werden muss. Die einwirkende Wassermenge kann durch anschließende aufgehende Fassaden erheblich vergrößert werden.

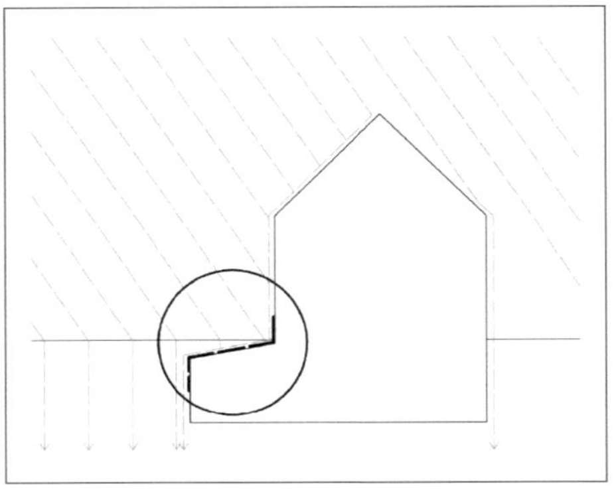

Bild 18: W 3-E – Beanspruchung von Abdichtungen auf erdüberschütteten Decken – Nicht stauendes Oberflächen- und drückendes Wasser [auszugsweise aus der Bearbeitung der DIN 18533 bzw. AIBAU, Prof. Dr. Oswald]

Erdüberschüttete Decken werden durch Niederschlagswasser beansprucht, das durch die Erdüberschüttung bis zur Abdichtung absickert und dort durch Dränschichten ohne Stauwasserbildung abgeleitet werden muss. Die beanspruchende Wassermenge kann durch anschließende aufgehende Fassaden erheblich vergrößert werden.

Die Abdichtung von erdüberschütteten Decken ist gegen Beanspruchung aus nicht stauendem Oberflächenwasser und drückenden Wasser auszulegen (Wassereinwirkungsklasse W3-E), es sei denn, dass aufgrund des Bemessungsgrundwasserstands oder des Bemessungshochwasserstands oder aufgrund fehlender Dränung nach Wassereinwirkungsklasse W2 zu bemessen ist. Bei planmäßiger Anstaubewässerung darf der Wasserstand maximal 100 mm betragen.

- *W4-E – Wasser am Wandsockel sowie in und unter erdberührten Wänden*
  Beanspruchung von Abdichtungen in und unter Wänden durch Sicker- und Kapillarwasser; Beanspruchung von Wandsockeln durch Spritz- und Oberflächenwasser.

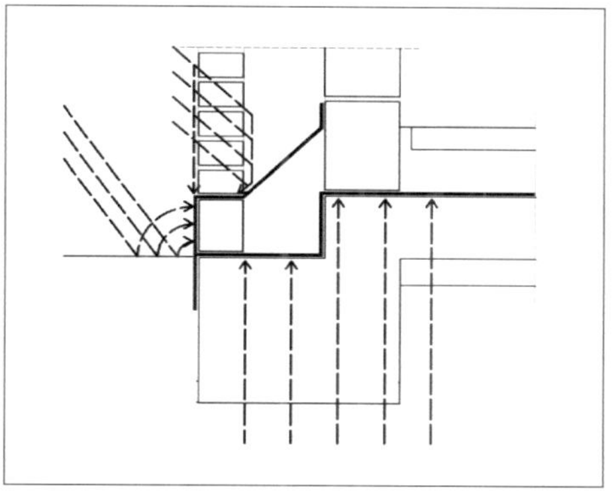

Bild 19: W4-E [auszugsweise aus der Bearbeitung der DIN 18533 bzw. AIBAU, Prof. Dr. Oswald]

In selbst nicht wasserundurchlässigen Bodenplatten und Fundamenten sowie in Wänden kann Wasser kapillar aufsteigen. In zweischaligen Verblendschalenquerschnitten kann Niederschlagswasser in den Schalenzwischenraum sickern. Die nicht unter dem Bemessungshochwasserstand liegenden Sockeloberflächen über Gelände können durch Spritzwasser und an der Fassade abrinnendes Niederschlagswasser beansprucht werden. Diese Wassereinwirkungen werden in der Wassereinwirkungsklasse W4-E zusammengefasst. Diese Beanspruchungen machen Querschnittsabdichtungen, Fußpunktabdichtungen und Sockelabdichtungen erforderlich. Am Wandsockel ist im Bereich von ca. 0,20 m unter Oberkante Gelände bis ca. 0,30 m über Oberkante Gelände mit der Wassereinwirkungsklasse W4-E zu rechnen, wenn nicht durch die Höhenlage des Bemessungswasserstands oder aufgrund des nicht gedränten, wenig wasserdurchlässigen, anstehenden Bodens mit der Wassereinwirkungsklasse W2.1-E zu rechnen ist.

5 Einwirkungen aus dem Untergrund

5.1 Risse – Rissklassen

Risse sind in Bauteilen, die den Abdichtungsuntergrund bilden, i. d. R. nicht völlig vermeidbar. Werden vorhandene Risse und sich öffnende Arbeitsfugen (Lager- und Stoßfugen) vor Beginn der Abdichtungsarbeiten sachgerecht verschlossen, so sind für die Beanspruchung der Abdichtung nur die Rissbreitenänderungen und Neurissbildungen nach Aufbringen der Abdichtung von Bedeutung. Diese Änderungen oder Neurisse werden in der Regel bei erdberührten Bauteilen durch einmalig ablaufende (abklingende) lastabhängige (Kriechen, Setzen) und/oder lastunabhängige (Schwinden, thermische Längenänderungen) Einwirkungen bzw. Form/Volumenänderungen verursacht. Da die Dichtungsschicht in der Regel unmittelbar auf den sie tragenden Untergrund aufgebracht wird, muss sie noch zu erwartende Rissbreitenänderungen oder Rissneubildungen des Untergrunds überbrücken können. Das abzudichtende Bauteil bzw. die Abdichtungsrücklage muss so konzipiert und dimensioniert sein, dass keine der Abdichtung unzuträglichen Risse und Fugenbewegungen auftreten. Bei der Bemessung der Abdichtung bzw. des Abdichtungsuntergrundes sind die folgenden Rissklassen zu berücksichtigen.

Neu entstehende Risse oder Rissbreitenänderungen (nach Betriebsbelastung) bis etwa 0,2 mm: Rissneubildungen und -breitenänderungen dieser Größenordnung sind in den üblichen Abdichtungsuntergründen des Hochbaus i. d. R. unvermeidbar. Sachgerecht bemessene Betonuntergründe, Mauerwerk im Sockelbereich sowie die Untergründe im Bereich der Querschnittsabdichtungen sind in der Regel der Rissklasse R1-E zuzuordnen.

- R2-E (mäßig): einmalige Rissaufweitung oder Neurissbildungen in Beton oder im MW bis etwa 0,5 mm.
- R3-E (hoch): einmalige Rissaufweitung oder Neurissbildungen bis 1 mm in Beton oder im MW, Rissversatz bis 0,5 mm. Es handelt sich dabei u. a. um planmäßige Fugenaufweitungen bei Abdichtungsrücklagen oder bei Aufstandsfugen von Mauerwerk auf Bodenplatten oder unplanmäßige bzw. durch nicht zu berücksichtigende Umwelteinflüsse (z. B. Erschütterung durch Bauarbeiten in der Nachbarschaft) entstandene Rissbildungen an tragenden Bauteilen.
- R4-E (sehr hoch): einmalige Rissaufweitungen oder Neurissbildungen bis 5 mm, Rissversatz bis 2 mm. Es handelt sich dabei i. d. R. um unplanmäßig bzw. durch in der Planung nicht zu berücksichtigende Umwelteinflüsse (z. B. Erschütterungen durch Erdbeben) entstandene Rissbildungen.

Tabelle 2: Rissklassen typischer Abdichtungsuntergründe

Rissklasse	Max. Riss-/Fugenaufweitung/ Rissneubildung nach Aufbringen der Abdichtung in mm	Bauteile (Beispiele)
R1-E gering	≤0,2	Stahlbeton ohne nennenswerte Zwang- und Biegeeinwirkung; Mauerwerk im Sockelbereich; Untergründe für Querschnittsabdichtungen
R2-E mäßig	≤0,5	geschlossene Fugen von flächigen Bauteilen (z. B. bei Fertigteilen); unbewehrter Beton; Stahlbeton mit nennenswerter Zwang-, Zug- oder Biegeeinwirkung; erddruckbelastetes Mauerwerk; Fugen an Materialübergängen
R3-E hoch	≤1,0 – Rissversatz ≤0,5	Fugen von Abdichtungsrücklagen; Aufstandsfugen von erdbelasteten Wänden
R4-E sehr hoch	≤5,0 – Rissversatz ≤2,0	unplanmäßige Risse (z. B. infolge von Erschütterungen)

6 Raumnutzungsklassen

Die Raumnutzungsklassen definieren unterschiedlich hohe Anforderungen an die Trockenheit der Raumluft von erdseitig abgedichteten Räumen und die Zuverlässigkeit deren Abdichtung. Es sind folgende Raumnutzungsklassen zu unterscheiden.

RN1-E (geringe Anforderung)
Raumnutzung mit geringer Anforderung an die Trockenheit der Raumluft (z. B. offene Werk- oder Lagerhalle, Tiefgarage).

RN2-E (durchschnittliche Anforderung)
Raumnutzung mit üblicher Anforderung an die Trockenheit der Raumluft und Zuverlässigkeit der Abdichtung (z. B. Aufenthaltsräume; Räume zur Lagerung von feuchtigkeitsempfindlichen Gütern wie Keller- und Lagernutzungen in üblichen Wohn- und Bürogebäuden).

RN3-E (hohe Anforderung)
Raumnutzung mit hoher Anforderung an die Trockenheit der Raumluft und sehr hoher Anforderung an die Zuverlässigkeit der Abdichtung (z. B. Magazin zur Lagerung unersetzlicher Kulturgüter; Raum für den Zentralrechner).

Gerade im erdberührten Bereich sind aufgrund der Temperaturträgheit durch die Abdichtung allein keine raumklimatischen Bedingungen erzielbar, die den Anforderungen an die Trockenheit und Schimmelfreiheit von Aufenthaltsräumen oder feuchtempfindlichen Lagergütern genügen; der Wärmeschutz, die Beheizung und die Belüftung/Entfeuchtung sollten der Nutzung entsprechend geplant, ausgeführt und durch den Nutzer praktiziert werden.

7 Zuordnung der Stoffe und Abdichtungssysteme zu Rissklassen

Abdichtungssysteme besitzen, abhängig von den Eigenschaften des Abdichtungsstoffes und ggf. vorhandener Einlagen, der Schichtdicke, der Lagenzahl und der Art des Haftverbunds zum Abdichtungsuntergrund verschieden große Rissüberbrückungseigenschaften.

Die in dieser Norm (Teile 2 und 3) geregelten Abdichtungsstoffe und Abdichtungsbauweisen können folgenden Rissklassen zugeordnet werden.

- RÜ0-E – keine Rissüberbrückung -Beispiel: nicht rissüberbrückende MDS, 2 mm dick
- RÜ1-E – geringe Rissüberbrückung bis 0,2 mm –Beispiel: rissüberbrückende MDS, min.2 mm dick, vollflächig haftend
- RÜ2-E – mäßige Rissüberbrückung bis 0,5 mm –Beispiel: PMBC, min. 3 mm dick; vollflächig haftend
- RÜ3-E – hohe Rissüberbrückung bis 1,0 mm – Beispiel: FLK; min 2 mm dick, mit Vlieseinlage; vollflächig haftend
- RÜ4-E – sehr hohe Rissüberbrückung bis 5,0 mm – Beispiel: mehrlagige Abdichtung mit Bitumen- oder Kunststoffbahnen. Die für eine höhere Rissklasse eingestuften Abdichtungsbauweisen sind auch für geringere Rissklassen geeignet.

8 Wahl der Abdichtungsart

Grundsatz: Die Wahl der Abdichtungsmaßnahme ist von folgenden Kriterien abhängig zu machen.

- der Wassereinwirkungsklasse (W1-E bis W4-E)
- der Rissklasse (R1-E bis R4-E)
- der Raumnutzungsklasse (N1-E bis N3-E)
- den Zuverlässigkeitsanforderungen.

Tabelle 3: erforderliche Rissklasse des Abdichtungssystems in Abhängigkeit von der Wassereinwirkungsklassen und ggf. der Raumnutzungsklasse

Wassereinwirkungsklasse	Rissklasse
W1-E	min. R1-E
W2.1-E und W3-E	min. R3-E
W2.1-E und W3-E bei Raumnutzungsklasse N3-E	min. R4-E
W2.2-E	min. R4-E
W4-E	min. R1-E

9 Abdichtung für erdberührte Bauteile bei W1-E

Tabelle 4 listet die für die Wassereinwirkungsklasse W1-E geeigneten Abdichtungsarten unter Berücksichtigung der Rissklasse des Untergrunds und der Raumnutzungsklasse. Die in Tabelle 4 gelisteten Stoffe sind i. d. R. auch für den Sockelbereich über Oberkante Gelände geeignet, wenn die konstruktiven Voraussetzungen (z. B. Schutz vor mechanischer Beschädigung; Temperatur und UV-Schutz) gegeben sind. Die aufgeführten Abdichtungen sind mit Schutzschichten zu versehen. Weitere Stoffe für den Sockelbereich sowie die Stoffe für Abdichtungen in und unter Wänden sind in Abschnitt 14 beschrieben.

Tabelle 4: Abdichtungsbauarten

Zeile Nr.	Raumnutzungsklasse	Anwendungsbereich	Rissklasse	Abdichtungsbauart
1	N 1E – N 3-E	erdberührte Wand	R1-E – R3-E	Bitumenbahn alle Bahnen entsprechend Liste Teil 2
2			R1-E – R3-E	Kunststoffbahn alle Bahnen entsprechend Liste Teil 2
3			R1-E, R2-E	PMBC
4			R1-E	rissüberbrückende MDS
5	N1-E – N3-E	erdberührte Bodenplatte	R2-E	Bitumenbahn alle Bahnen entsprechend Liste Teil 2
6	N1-E – N3-E			Kunststoff/Elastomerbahn (alle Bahnen entsprechend Liste, Teil 2)
7	N1-E; N2-E			Estrichbahnen nach Liste
8	N1-E – N3-E		R2-E	PMBC
9	N1-E – N3-E		R2-E	Asphaltmastix und Gussasphalt
10	N1-E		k. A.	keine

10 Kapillarbrechende Schüttungen bei Raumnutzungsklasse 1

Bei Raumnutzungen der Raumnutzungsklasse 1 kann die Abdichtung entfallen, wenn durch eine kapillarbrechende Schüttung ($k > 10^{-4}$ m/s) mit einer Dicke von mindestens 150 mm unter der Bodenplatte der Wassertransport durch die Bodenplatte hinreichend vermindert wird.

11 Abdichtung für erdberührte Wand-, Boden- und Deckenflächen bei W2-E

Tabelle Nr. 5 listet die für die Wassereinwirkungsklasse W2.1-E geeigneten Abdichtungsbauweisen erdberührter Wand-, Boden- und Deckenflächen unter Berücksichtigung der Raumnutzungsklasse. Die Abdichtungen sind für Untergründe der R1-E bis R3-E geeignet.

Tabelle 5: Abdichtungsbauarten für W2.1-E

Zeile Nr.	Abdichtungsbauart	Raumnutzungsklasse	Anforderungen an Ausführung
1	Bitumen- oder Polymerbitumenbahnen	N1-E bis N3-E	2-lagig mit Klebemasse eingeklebt
2	Bitumen- oder Polymerbitumen Schweißbahnen	N1-E bis N3-E	mind. 1-lagig, vollflächig verschweißt
3	Kunststoff- und Elastomerbahnen	N1-E bis N3-E	1-lagig, vollflächig mit dem Untergrund verklebt
4	PMBC	N1-E bis N2-E	Mindesttrockenschichtdicke 4 mm mit Verstärkungseinlage
5	Flüssigkunststoffe auf Basis von PUR und PMMA	N1-E bis N2-E	Mindesttrockenschichtdicke 2 mm mit Verstärkungseinlage

12 Zuordnung der Abdichtungen für W2.2-E

Tabelle Nr. 6 listet die für die Wassereinwirkungsklasse W2.2-E geeigneten Abdichtungsbauarten für erdberührte Wand-, Boden- und Deckenflächen unter Berücksichtigung der Eintauchtiefe in das Grundwasser auf. Die Abdichtungen sind für Untergründe der R1-E bis R4-E geeignet.

Tabelle 6: Abdichtungsbauarten für W2.2-E

Zeile Nr.	Abdichtungsbauart	Raumnutzungsklasse	Anforderungen an Ausführung
1	nackte Bitumenbahnen, nackte Bitumenbahnen mit Metallbändern	N1E – N2E	Mehrlagigkeit und ggf. Metallbänder in Abhängigkeit von der Eintauchtiefe, Einbau mit Klebemassen und Deckaufstrich
2	Dachdichtungsbahnen aus Bitumen- oder Polymerbitumen		2–3-lagig, je nach Eintauchtiefe, vollflächig mit Bitumenklebemasse verklebt, mit Deckaufstrich
3	Bitumen /Polymerbitumen Schweißbahnen		2–3-lagig, je nach Eintauchtiefe, ggf. mit Kupferbandeinlage, vollflächig verschweißt
4	Bitumenverträgliche Kunststoff- und Elastomerbahnen		1-lagig, Bahnendicke in Abhängigkeit von der Eintauchtiefe, zwischen Bitumenbahnen mit Klebeschichten verklebt, mit Deckaufstrich
5	Kunststoff- und Elastomerbahnen		1-lagig, lose verlegt, mit Abschottung durch Fugenbänder, max. Eintauchtiefe 4 m

13 Abdichtung erdüberschütteter Deckenflächen

Tabelle 7: Zuordnung der Abdichtungsbauweisen für W3-E

Zeile	Raumnutzungs-klasse	Rissklas-se	Abdichtungsart	Lagen/Schichtdicke sonstige Anforde-rungen
1	N1-E bis N3-E	R3-E	Abdichtung mit Flüssigkunststoffen	2 Schichten, ≥ 2 mm
2	N1-E bis N2-E	R2-E	Abdichtung mit Asphaltmastix in Verbindung mit Gussasphalt	2 Schichten 10 mm Asphaltmastix 24 mm Gussasphalt
3	N1-E bis N3-E	R3-E	Abdichtung mit Polymerbitumen-Schweißbahn in Verbindung mit Gussasphalt	2 Schichten 25 mm Gussasphalt
4	N1-E bis N3-E	R4-E	Bitumenschweißbahn, 2-lagig	2 Schichten
5	N1-E bis N3-E		Abdichtung mit Kunststoffbahnen	

14 Abdichtungen in und unter Wänden

14.1 Querschnittsabdichtungen

14.1.1 Grundanforderungen

Außen- und Innenwände aus kapillar leitfähigen Baustoffen oder aus Baustoffen, die durch kapillar angreifendes Wasser geschädigt werden können, sind durch mindestens eine waagerechte Abdichtung (Querschnittsabdichtung) gegen aufsteigende Feuchtigkeit zu schützen, wenn sie auf kapillar leitfähigen Bauteilen gegründet sind (z. B. auf Streifenfundamenten oder nicht wasserundurchlässigen Bodenplatten).

Verhalten unter Last:

- Die Abdichtung selbst darf durch die einwirkenden Lasten nicht geschädigt werden.
- Die Querschnittsabdichtung ist so zu wählen, anzuordnen und auszuführen, dass die auf das Wandbauteil einwirkenden Lasten schadensfrei abgetragen werden. Bei seitlich durch Erddruck und ggf. durch hydrostatischen Druck beanspruchten Mauerwerkswandscheiben darf die Haftscherfestigkeit der mit der Querschnittsabdichtung versehenen Lagerfuge durch die Abdichtungslage nicht soweit vermindert werden, dass die Wand auf der Abdichtungslage gleitet. Bei seitlich durch Erddruck belasteten Wänden müssen Abdichtungsstoffe gemäß Tabelle 8, Zeile 1 bis 3, verwendet werden, deren ausreichende Scherfestigkeit durch langfristige Erfahrung oder labortechnische Prüfung belegt ist. Bei nicht querschubbeanspruchten Wänden können auch Querschnittsabdichtungen gemäß Tabelle 8 Zeile 4 und 5 verwendet werden.

Da die Scherfestigkeit der Lagerfuge wesentlich von der Auflast abhängig ist, sollte die Baugrubenverfüllung erst erfolgen, wenn die Wand ausreichend belastet ist und aussteifende Bauglieder (Decken, Querwände, Erdgeschosswände) eingebaut sind. Wenn es konstruktiv notwendig ist, zur Aufnahme von Horizontallasten Widerlager einzubauen, so kann die Querschnittsabdichtung mit stufenförmigem Verlauf angeordnet werden.

14.1.2 Stoffe für Querschnittsabdichtungen

Waagerechte Abdichtungen in oder unter Wänden müssen für die W1-E und W4-E geeignet sein. Folgende Stoffe sind für Querschnittsabdichtungen zu verwenden (siehe Tabelle 8).

Tabelle 8: Zuordnung der Abdichtungsbauweisen für Querschnittsabdichtungen für W4-E

Zeile	Riss-klasse	Raumnut-zungsklasse	Abdichtungsbauart	Quer-schub-über-tragung	Lagenzahl/ Trocken-schichtdicke u. sonst.
1	R1-3-E	N1-E – N3-E	Bitumenbahn alle Bahnen ent-sprechend Liste DIN 18533-2, außer Schweißbahnen	Ja	1-lagig, nicht verklebt
2	R1-3-E	N1-E – N3-E	Kunststoff-/Elas-tomerbahn entspr. Liste, keine SLK-Bahn	Ja	1-lagig, nicht verklebt
3	R1-2-E	N1-E – N2-E	rissüberbrückende MDS	Ja	2 mm; zwei Arbeitsgänge
4	R1-3-E	N1-E – N3-E	Bitumenschweiß-bahnen, KSK und KSP – Bahnen entsprechend Liste Teil 2	Nein	1-lagig, nicht verklebt
5	R1-3-E	N1-E – N3-E	Kunststoff-/Elas-tomerbahn mit Selbstklebeschicht	Nein	1-lagig, nicht verklebt

Weiterhin können auch sonstige, nach Tabelle 8 für Querschnittsabdichtungen vorgesehene Abdichtungsbauweisen verwendet werden, bei denen durch ein abP die Funktionsfähigkeit nachgewiesen wurde. Sofern das Scherverhalten der Lagerfuge mit Querschnittsabdichtung mindestens dem einer Lagerfuge ohne Abdichtung entspricht, können diese Bahnen auch zur Querschubübertragung eingesetzt werden.

15 Anschluss an die Abdichtung der erdberührten Außenwand

Die Abdichtung der erdberührten Außenwand muss unten bis auf die Stirnseite der Bodenplatte reichen und so an die Querschnittsabdichtung herangeführt oder mit ihr verklebt werden, dass keine Feuchtigkeitsbrücken entstehen können. Detailausbildungen, bei denen der äußere Anschluss der Wandabdichtung an die Querschnittsabdichtung auf einem Bodenplattenabsatz mit Hilfe einer Kehle erfolgen kann, sind Anordnungen mit tiefer liegendem Absatz oder ohne Absatz vorzuziehen, wenn die statische Situation und die Gründungssituation ein Aufklaffen der Außenseite der Boden-Wand-Fuge erwarten lassen. Soll die abzudichtende aufgehende Wandfläche in der Flucht der Bodenplattenstirnseite verlaufen, so ist auf eine hohe Maßgenauigkeit und Fluchtgerechtheit bei der Herstellung der Bodenplattenstirnseite zu achten, damit am Abdichtungsübergang nicht durch Ausführungstoleranzen schwer abdichtbare Mauerwerksüberstände entstehen.

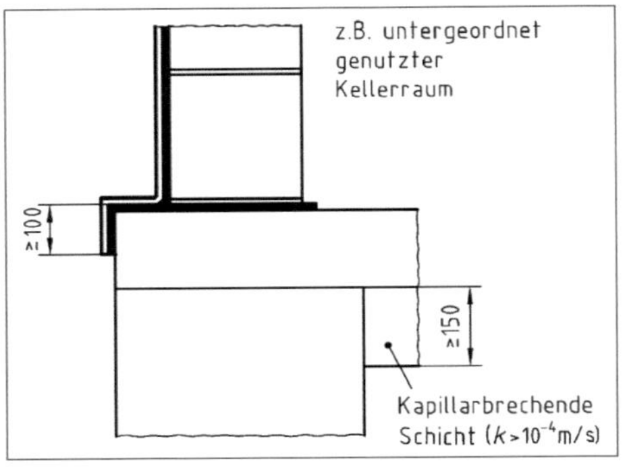

Bild 20: Bodenplattenabschluss – untergeordnete Raumnutzung [auszugsweise aus der Bearbeitung der DIN 18533 bzw. AIBAU, Prof. Dr. Oswald]

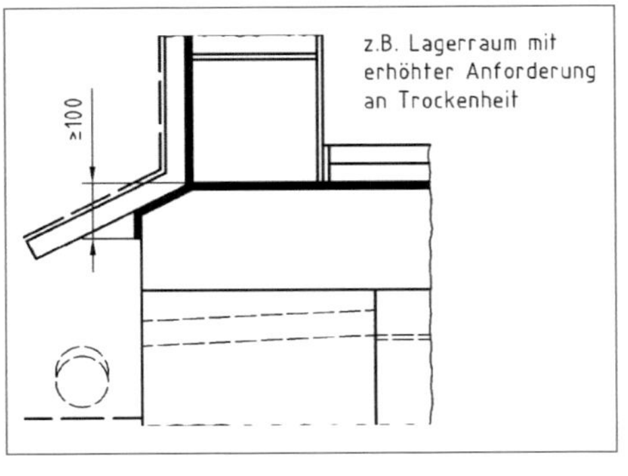

Bild 21: Anschluss am Bodenplattenabsatz mit Dränung[auszugsweise aus der Bearbeitung der DIN 18533 bzw. AIBAU, Prof. Dr. Oswald]

16 Fußpunktabdichtungen

Verblendschalen aus Sichtmauerwerk sind nicht wasserundurchlässig. Je nach Saugfähigkeit des Steins und des Mörtels, der Dichtheit der Anschlüsse und Gestaltung der Abdeckungen sowie in Abhängigkeit von der Intensität der Schlagregenbeanspruchung muss damit gerechnet werden, dass Wasser nicht nur im Verblendschalenquerschnitt gespeichert wird sondern in geringen Mengen an der Außenschalenrückseite – auch in Steinlochungen – der Schwerkraft folgend nach unten absickert. An den Aufstandsflächen (Fußpunkten) am Sockel, auf Dach-, Dachterrassen- und Balkonflächen sowie über Fenster- und Türstürzen muss dafür gesorgt werden, dass dieses Sickerwasser, das in Stein oder Mörtel vorhandenewasserlösliche Stoffe mit transportiert, so wieder nach außen gelangen kann, dass Feuchtschäden im Gebäudeinneren und störende Verschmutzungen an Fassade oder Fenstern verhindert werden. Dazu sind in der Regel Fußpunktabdichtungen erforderlich.

16.1 Abdichtungsstoffe

Für die Fußpunktabdichtung sind grundsätzlich alle auch gemäß Tabelle Nr. 8 für Querschnittsabdichtungen verwendbaren Abdichtungsstoffe geeignet. Dickere Bahnen scheiden in der Regel aus, da sie (besonders an Überlappungen) in der Lagerfuge zu viel Raum einnehmen und der vordere Rand optisch stören würde.

Verwendbar sind daher

- Bitumenbahnen (z. B. G 200 DD)
- Kunststoffbahnen (z. B. PVC-weich, 1,2 mm dick)
- dünnere Kunststofffolien mit allg. bauaufsichtlichem Prüfzeugnis zur Verwendung als Mauersperrbahn (z. B. Polyolefin 0,4 mm dick).

Besteht der Untergrund stetig aus Mauerwerk, Mörtel oder Beton z. B. am Bodenplattenrand, können auch folgende flüssigen Abdichtungsstoffe eingebaut werden:

- rissüberbrückende mineralische Dichtungsschlämmen (MDS); 2 mm dick
- PMBC, 3 mm dick mit Verstärkungseinlage.

17 Übergänge von Wandabdichtungen im erdberührten Bereich auf wasserundurchlässige Bodenplatten aus Beton mit hohem Wassereindringwiderstand

17.1 Allgemeines

Bei der Wassereinwirkungsklasse W1-E sind keine gesonderten konstruktiven Maßnahmen erforderlich. Hinsichtlich Untergrund und Verarbeitung gelten die in den jeweiligen Stoffteilen für die entsprechende Abdichtungsbauart festgelegten Anforderungen. Bei Abdichtungen gegen Wassereinwirkungsklasse W2-E (drückendes Wasser), werden an den Übergang zwischen der Abdichtung und dem WU-Betonbauteil die folgenden zusätzlichen Anforderungen gestellt:

Es wird unterschieden zwischen Übergängen mit Einbauteilen und Übergängen als adhäsive Verbindung (ohne Einbauteile).

Übergänge mit adhäsiven Verbindungen dürfen nur bei mäßiger Druckwasserbelastung (Wassereinwirkungsklasse W2.1-E) verwendet werden.

Bei Ortbetonbauteilen ist der Untergrund mechanisch abtragend, z. B. durch Schleifen, Strahlen, Fräsen, so vorzubereiten, dass er frei von Verunreinigungen und losen Bestandteilen ist. Kanten müssen gefasst und Kehlen gerundet sein. Falls erforderlich, ist der Untergrund z. B. durch Auftragen von haftvermittelnden Stoffen (Grundierungen) vorzubehandeln, bevor die Abdichtung aufgebracht wird. Für die Untergrundvorbereitung bzw. Untergrundvorbehandlung gelten darüber hinaus die Angaben im abP für den Abdichtungsübergang. Erfolgt die Ausführung der Abdichtung nicht unmittelbar nach den Vorbehandlungsarbeiten des Untergrundes, so ist vor der Ausführung der Abdichtungsarbeiten der Untergrund erneut auf Verunreinigungen zu überprüfen. Diese Verunreinigungen sind zu entfernen.

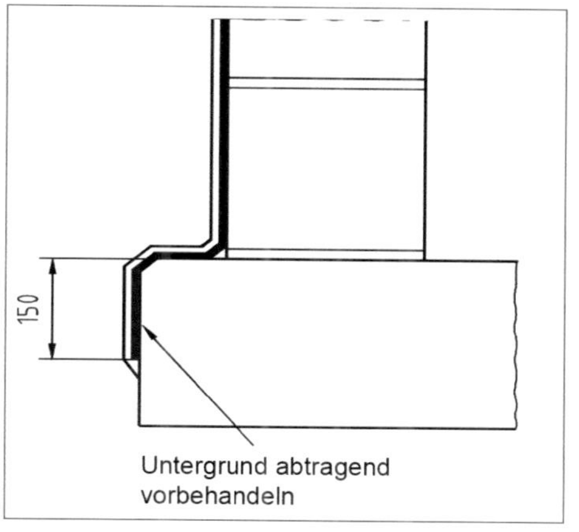

Bild 22: Beispiel für die Ausbildung des adhäsiven Übergangs einer Abdichtung bei W2.1-E auf ein wasserundurchlässiges Bauteil aus Beton [auszugsweise aus der Bearbeitung der DIN 18533 bzw. AIBAU, Prof. Dr. Oswald]

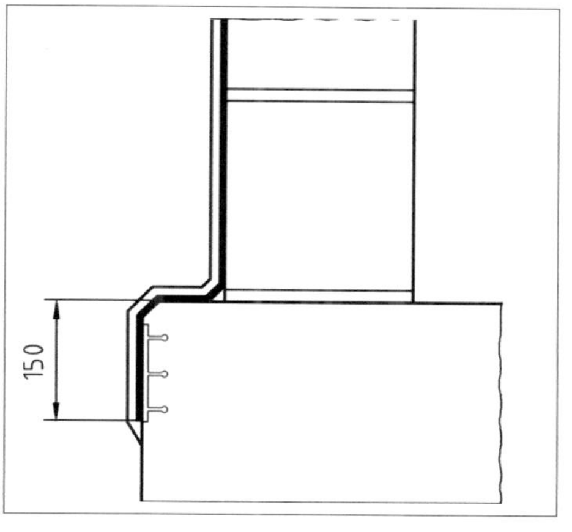

Bild 23: Beispiel für die Ausbildung des Übergangs der Abdichtung gegen drückendes Wasser (W2-E) auf ein wasserundurchlässiges Bauteil aus Beton mit Einbauteilen [auszugsweise aus der Bearbeitung der DIN 18533 bzw. AIBAU, Prof. Dr. Oswald]

17.2 Zu verwendende Stoffe und Ausführung

Für Übergänge an WU-Betonbodenplatten dürfen Stoffe nach DIN 18133 verwendet werden, die für diesen speziellen Anwendungszweck über ein allgemeines bauaufsichtliches Prüfzeugnis verfügen, mit dem die Eignung des Produktes für die Verwendung im Übergang auf die WU-Beton-Bodenplatten nachgewiesen wurde. Die zugrundeliegenden Prüfungen erfolgen nach den »Prüfgrundsätzen zur Erteilung von allgemeinen bauaufsichtlichen Prüfzeugnissen für Produkte für Bauwerksabdichtungen im Übergang zu Bauteilen aus Beton mit hohem Wassereindringwiderstand gegen drückendes Wasser (PG-ÜBB) in der jeweils gültigen Fassung, veröffentlicht im amtlichen Teil der DIBt-Mitteilungen. Sie müssen einen Nachweis über die Dauerhaftigkeit der Dichtheit des Überganges beinhalten. Es gelten die im abP genannten Verarbeitungsanweisungen. Bei Übergängen an Bodenplatten ist die Abdichtung mindestens 150 mm breit auf die Stirnfläche der Bodenplatte zu führen. Auf den Schutz der fertig gestellten Abdichtung im Übergangsbereich ist zu achten.

17.3 Prüfung und Dokumentation

Die Art der durchgeführten Vorbereitungen am Untergrund ist zu dokumentieren. Nach Durchführung der Abdichtungsarbeiten ist das Ergebnis entsprechend den Festlegungen in DIN 18533 zu prüfen. Die Ergebnisse sind zu dokumentieren.

17.4 Zu verwendende Materialien und Ausführung bei Übergängen mit Einbauteilen bei bahnförmigen Abdichtungen

Mit Einbauteilen können die in DIN 18533 beschriebenen Bahnen angeschlossen werden. Als Einbauteile können Los- und Festflansch-Konstruktionen oder außenliegende Anschlussbänder (z. B. Fugenbänder) verwendet werden. Der Festflansch ist umlaufsicher in den Beton einzubauen. Die Los- und Festflanschkonstruktion ist mit Einbauteilen auszuführen. Die Anschlussbereiche der Flansche sind vor Einbau der Abdichtung zu reinigen.

Fugenbänder müssen aus Materialien bestehen, die mit der Abdichtung homogen zu verschweißen sind. Es sind Fugenbänder mit Profilierungen in Anlehnung an DIN 18541-1 zu verwenden, die den Stoffeigenschaften der DIN 18541-2 entsprechen. Die Bemessung erfolgt nach DIN 18197. Die Fugenbänder sind umlaufsicher in die WU-Betonbauteile einzubauen.

17.5 Prüfung

Nach dem Ausschalen des Bauteils sind die sichtbaren Bereiche von Fugenbändern auf Beschädigungen hin zu untersuchen und zu reinigen. Festgestellte Mängel sind zu dokumentieren und zu beseitigen. Die Prüfung der Dichtigkeit des Anschlusses zwischen Dichtungsbahn und Fugenband erfolgt entsprechend den Vorgaben in den Stoffteilen.

18 Grundregeln Sockelabschluss der Abdichtung an aufgehenden Bauteilen

Der obere Abschluss der Abdichtung am Übergang zur bewitterten Außenwand darf nicht hinterlaufen werden. Die aufgehenden Bauteile sind so zu gestalten, dass der Abdichtungsrand möglichst nicht oder nur geringfügig wasserbeansprucht wird und dass das hochgeführte Abdichtungsende vor mechanischen Beschädigungen geschützt liegt.

18.1 Stoffe für Abdichtungen im Sockelbereich

Der Sockelabschluss der Abdichtung (Randaufkantung) erdüberschütteter Decken (Wassereinwirkungsklasse W3-E) erfolgt i. d. R. mit dem gleichen Abdichtungsstoff, der auch für die Deckenflächen verwendet wurde. Bei Flächenabdichtungen aus Asphaltmastix sind für die Kombination mit Gussasphalt geeignete Dachdichtungsbahnen für den Abschluss zu verwenden. Im Sockelbereich erdberührter Wandbauteile sollte der auch im erdberührten Wandbereich eingesetzte Abdichtungsstoff verwendet werden. Je nach Bauart der aufgehenden Außenwand können auch andere Abdichtungsstoffe oder Feuchteschutzmaßnahmen eingesetzt werden.

18.2 Aufgehende Wände mit Bekleidungen

Bei aufgehenden Wänden mit Bekleidungen (z. B. Verblendungen) muss die Abdichtung hinter der wasserbeanspruchten Ebene der aufgehenden Wand liegen. Die Bekleidungen sind dabei so zu verankern, dass die Abdichtung im wasserbeanspruchten Bereich nicht perforiert wird. Ist dies unvermeidlich, sind die Verankerungen als Durchdringungen abzudichten.

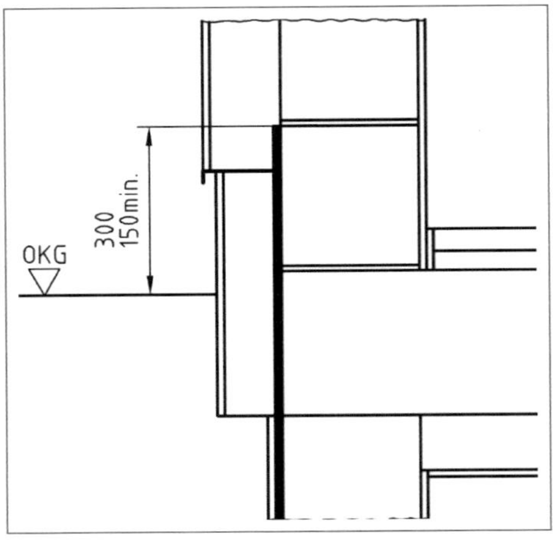

Bild 24: Beispiel der Anordnung eines wassergeschützt liegende Abschlusses im Sockelbereich[auszugsweise aus der Bearbeitung der DIN 18533 bzw. AIBAU, Prof. Dr. Oswald]

18.3 Sockelabdichtung bei Putzbauten und Wärmedämmverbundsystemen

Soll bei verputzten Außenwänden die Putzfläche bis zum Geländeanschluss reichen, so muss im Sockelbereich die Abdichtung der erdberührten Wand 5–20 cm unter Oberkante Gelände auf einer überputzbaren Abdichtung aus rissüberbrückender MDS überlappend hinterlaufsicher enden. Im Sockelbereich ist ein für Spritzwasserbelastung geeigneter Putz zu verwenden. Der untere Rand des Putzes ist zusätzlich mit MDS abzudichten, damit der Putzquerschnitt nicht von unten durch Feuchte unterwandert werden kann. Im erdberührten Bereich ist der Putzrand durch eine Schutzlage (z. B. Noppenbahn) vor ständigem Kontakt mit feuchtem Erdreich zu schützen.

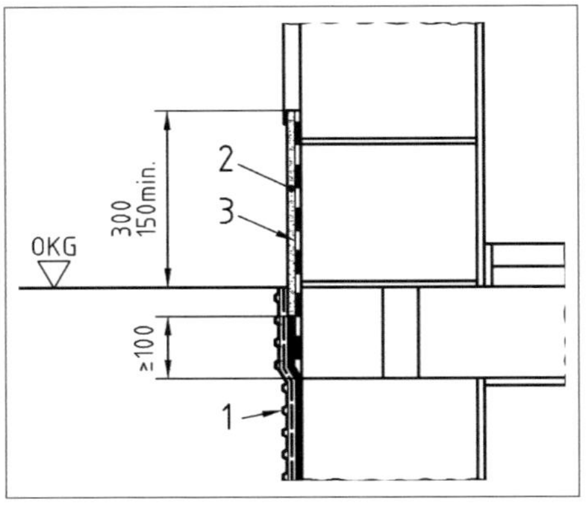

Bild 25: Beispiel der Anordnung der Abdichtung im Sockelbereich eines verputzen Mauerwerks [auszugsweise aus der Bearbeitung der DIN 18533 bzw. AIBAU, Prof. Dr. Oswald]

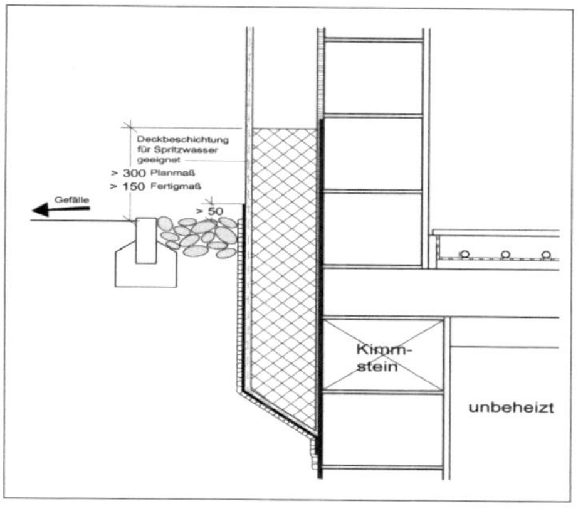

Bild 26: Beispiel der Anordnung der Abdichtung im Sockelbereich einer Außenwand mit Wärmedämm-Verbundsystem [auszugsweise aus der Bearbeitung der DIN 18533 bzw. AIBAU, Prof. Dr. Oswald]

Bei Wärmedämmverbundsystemen sollte die Bauwerksabdichtung hinter der Dämmung auf dem Wanduntergrund bis in die beschriebene Höhe hochgeführt werden. Im Sockelbereich sind für Wassereinwirkung geeignete Dämmstoffe (Perimeterdämmung) einzusetzen. Der Schutz des Außenputzes erfolgt analog wie bei Putzbauten.

19 Lichtschächte und Kelleraußentreppen

19.1 Lichtschächte und Kelleraußentreppen bei W1-E

Die Lichtschachtwandungen und Außentreppenbauteile sollten möglichst erst nach Fertigstellung der Abdichtung der erdberührten Wände (und ggf. nach der äußeren Perimeterdämmung) eingebaut werden. Die Entwässerung des Lichtschachtbodens bzw. des Treppenpodests ist so zu planen und auszuführen und die Höhenlage der Fensterbank über der Lichtschachtsohle sowie der Türschwelle am Treppenpodest zum Gebäude ist so zu wählen, dass ein Überstauen der Fensterbank bzw. der Türschwelle sicher vermieden wird. Das Gelände sollte daher in der Regel nicht in den Lichtschacht bzw. den Treppenlauf entwässern.

19.2 Lichtschächte und Kelleraußentreppen bei W2-E

Die Unterkante der Bauwerksöffnungen sollte mindestens 15 cm oberhalb des Bemessungswasserstands angeordnet werden. Tiefer liegende Bauwerksöffnungen (z. B. Kellerfenster, Kellerzugänge, u. ä.) sind durch vorgesetzte druckwasserdichte bauliche Maßnahmen (z. B. Lichtschächte, Kelleraußentreppen, Kellerabgänge u. ä.) zu schützen. Lichtschächte und Kelleraußentreppen, die in die Abdichtung des Gebäudes druckwasserdicht eingebunden werden sollen, müssen konstruktiv so gestaltet werden, dass sie sich gemeinsam mit dem Gebäude setzen können, ohne dass die Abdichtung am Übergang zur Wandabdichtung auf Abscheren beansprucht wird. Sollen Lichtschächte aus Einbauteilen verwendet werden (z. B. aus WU-Beton, GFK-Schalen), so müssen diese für den Anwendungsfall »Druckwasser« einen Nachweis in Anlehnung an die abP PG-ÜBB (z. B. Herstellerprüfung) besitzen und entsprechend der Systemprüfung druckwasserdicht gegen die Wandabdichtung gepresst oder an diese angeschlossen werden. Druckwasserdichte Lichtschächte und bewitterte Kelleraußentreppen sind in der Regel mit einer rückstausicheren Entwässerung durch ein druckwasserdichtes Rohrsystem auszustatten – es sei denn, durch die Geländegestaltung, die Schachtabdeckung und die Gebäudegestaltung (z. B. Überdachung) ist das Eindringen von Niederschlägen in den Lichtschacht bzw. den Bereich der Kelleraußentreppen ausgeschlossen.

20 Schutzschichten – Beispiele

20.1 Stoffe

Stoffe für Schutzschichten müssen mit der Bauwerksabdichtung verträglich und gegen die auf sie einwirkenden Beanspruchungen mechanischer, thermischer und chemischer Art widerstandsfähig sein.

20.2 Ausführung

20.2.1 Allgemeines

Die Art der Schutzschicht ist in Abhängigkeit von den zu erwartenden Beanspruchungen und den örtlichen Gegebenheiten auszuwählen. Schutzschichten, die auf die fertige Abdichtung aufgebracht werden, sind bei Bahnenabdichtungen möglichst unverzüglich nach Fertigstellung und bei flüssig aufgebrachten Abdichtungen nach der vollständigen Durchtrocknung einzubauen. Beim Einbau von Schutzschichten dürfen die Abdichtungen nicht beschädigt werden. Verunreinigungen auf den Abdichtungen sind vorher sorgfältig zu entfernen. Auf waagerechte oder schwach geneigte Schutzschichten dürfen Lasten oder lose Massen nur dann aufgebracht werden, wenn die Schutzschichten belastbar und erforderlichenfalls gesichert sind.

20.2.2 Schutzschichten aus Beton

Schutzschichten aus Beton müssen mindestens in der Betongüte C 8/10, bei Anordnung von Bewehrung mindestens in C 12/15 nach DIN EN 206-1 hergestellt werden. Die Bewehrung muss die nach DIN 1045-1 erforderliche Betonüberdeckung aufweisen. Als Zuschlag für den Beton ist Kies oder Edelsplitt zu verwenden. Schutzschichten müssen mindestens 50 mm dick sein. Werden sie auf Flächen mit einem größeren Neigungswinkel als 18 ° (etwa 33 %) angeordnet, sind sie im Regelfall zu bewehren.

20.2.3 Schutzschichten aus Dämm- und Dränplatten

Schaumkunststoffplatten und Schaumglasplatten, die als Perimeterdämmung und zugleich als Schutzschicht der Abdichtung im erdberührten Bereich der Außenflächen von Bauwerken verwendet werden, müssen bauaufsichtlich zugelassen sein. Für die Anwendung sind die Bestimmungen der DIN 4108-2 zu beachten. Für die Anwendung im Bereich der WE-2 sind die Zulassungsbestimmungen zu beachten. Im

Bereich drückenden Wassers sind die Platten an Wänden so zu verlegen, dass sie nicht von Wasser hinterlaufen oder umspült werden können. Schutzschichten aus Perimeterdämmung vor Außenwänden sind nur zulässig in Kombination mit Abdichtungen, die keine Einpressung erfordern.

20.2.4 Schutzschichten aus sonstigen Stoffen

Sofern Schutzschichten aus anderen Stoffen hergestellt werden, z. B. aus Kunststoffen, müssen diese Stoffe den Anforderungen entsprechen sowie für die besonderen Beanspruchungen des Einzelfalls geeignet sein.

20.2.5 Schutzschichten auf PMBC-Abdichtungen

Materialien für Schutzmaßnahmen und /oder Schutzschichten müssen mit der Bitumendickbeschichtung verträglich sein. Schutzschichten dürfen erst nach vollständiger Durchtrocknung der Bitumendickbeschichtung aufgebracht werden. Punkt- und Linienlasten sowie Belastungen, die die Funktionstüchtigkeit der Abdichtung durch Eindrückungen beeinträchtigen, sind zu vermeiden. Durch geeignete Maßnahmen, wie zum Beispiel durch Gleitschichten, ist sicherzustellen, dass keine Bewegungen aus dem Erdreich auf die Abdichtung übertragen werden. Die Wahl der Schutzschicht erfolgt in Abhängigkeit von den zu erwartenden Beanspruchungen und den örtlichen Gegebenheiten. Bei der Herstellung von Schutzschichten darf die Abdichtung nicht beschädigt werden. Verunreinigungen auf der Abdichtung sind vorher vorsichtig zu entfernen. Waagerechte Abdichtungen mit einer Bitumendickbeschichtung, beispielsweise auf der Sauberkeitsschicht, müssen nach ihrer vollständigen Durchtrocknung und vor dem Aufbringen der Bodenplatte eine Schutzschicht erhalten. Zur Trennung zwischen waagerechter Abdichtung und Schutzschicht ist eine doppelte PE-Folie einzulegen. Bei Verwendung von Estrichen als Schutzschicht sind diese in einer Mindestschichtdicke von 5 cm unmittelbar auf die PE-Folie aufzubringen. Schutzschichten können auch aus Wärmedämmmaterialien bestehen, bzw. als Dränschichten – die Eignung nach DIN 4095 vorausgesetzt – eingesetzt werden. Es ist Sorge dafür zu tragen, dass diese Schutzschichten sich nicht, zum Beispiel am Wand-Sohlen-Anschluss, in die Abdichtung eindrücken. Bei der Verklebung von Schutzschichten mit dem Untergrund muss ein Kleber verwendet werden, der auf die Bitumendickbeschichtungen abgestimmt ist. Werden Perimeterdämmplatten als Schutzschichten eingesetzt, sind solche der WE-2 vollflächig mit der Abdichtung zu verkleben.

21 Planungsgrundsätze für Bauwerksabdichtungen

Wirkung und Bestand einer Abdichtung von erdberührten Bauteilen hängen nicht nur von ihrer fachgerechten Planung und Ausführung ab, sondern auch von der abdichtungstechnisch zweckmäßigen Planung, Dimensionierung und Ausführung des Bauwerks und seiner Teile, auf die die Abdichtung aufgebracht wird. Diese Norm wendet sich daher nicht nur an den Abdichtungsfachmann, sondern auch an diejenigen, die für die Gesamtplanung und Ausführung des Bauwerks verantwortlich sind, denn Wirkung und Bestand der Abdichtung hängen von der gemeinsamen Arbeit aller Beteiligten ab.

Die Beanspruchungs- und Einflussgrößen, die für die Funktion und den Bestand der Abdichtung von Bedeutung sind, müssen bereits bei der Planung des Bauwerks und der Abdichtung sowie bei der Auswahl der Stoffe berücksichtigt werden. Dabei ist die Wechselwirkung zwischen der Abdichtung und den darunter-/darüber liegenden Schichten zu berücksichtigen. Dies gilt insbesondere für die auf die Abdichtung einwirkenden Lasten.

22 Wahl der Abdichtungsart

Die Abdichtungsart ist entsprechend der Wassereinwirkungsklasse, der Rissklasse, der Raumnutzungsklasse und der erforderlichen Zuverlässigkeit auszuwählen.
Die Wahl der Abdichtungsart ist vor allem abhängig von der Angriffsart des Wassers. Die Einwirkungsklassen werden nach vier Klassen unterschieden. Die im Einzelfall zutreffende Klasse ist in Abhängigkeit von der Wassereinwirkungsklasse, Bodenart, Art der Dränung, Geländeform sowie des Bemessungsgrundwasser- und Bemessungshochwasserstandes vom Planer zu ermitteln.

Die Rissklasse der abzudichtenden Untergründe ist zu ermitteln. Die ausgewählte Abdichtungsbauweise muss mindestens einer entsprechenden Rissklasse zugeordnet sein.

Bei der Festlegung der erforderlichen Rissklasse sind weiterhin die Intensität der Wassereinwirkung (Wassereinwirkungsklasse) und ggf. die erhöhten Zuverlässigkeitsanforderungen der Raumnutzungsklasse 1, 2 und 3 zu berücksichtigen. Wassereinwirkungsklasse und Raumnutzungsklasse können eine höhere Rissklasse notwendig machen als dies die Rissklasse des Untergrunds erfordert.

Die Wahl der Abdichtungsart ist außerdem abhängig von den zu erwartenden weiteren physikalischen – insbesondere mechanischen und thermischen – Beanspruchungen. Dabei kann es sich um äußere, z. B. klimatische Einflüsse oder um Einwirkungen aus der Konstruktion bzw. aus der Nutzung des Bauwerks und seiner Teile handeln. Untersuchungen zur Feststellung dieser Verhältnisse müssen deshalb so frühzeitig durchgeführt werden, dass sie bereits bei der Bauwerksplanung berücksichtigt werden können.

Die Abdichtungsart ist so auszuwählen, dass die Gebäudenutzung dauerhaft möglich ist. Dazu ist vom Planer die Raumnutzungsklasse zu ermitteln.

22.1 Zuverlässigkeit der Bauwerksabdichtung

Abdichtungen erdberührter Bauteile sind nach der Fertigstellung in den meisten Fällen für Instandsetzungsmaßnahmen nur mit großem Aufwand – unter tragenden Bodenplatten häufig gar nicht mehr – zugänglich und insofern in Teilbereichen nicht mehr austauschbar. Sie müssen über die gesamte zu erwartende Nutzungsdauer des betreffenden Bauteils funktionsfähig bleiben.

Das erforderliche Maß an Zuverlässigkeit des zu wählenden Abdichtungssystems steigt deshalb mit

- abnehmender Zugänglichkeit der Abdichtung zu Zwecken der Leckortung oder Reparatur im Fall von Beschädigung oder Versagen
- zunehmender Wassereinwirkungsklasse
- zunehmender Beanspruchung durch Risse im Untergrund
- zunehmender sonstiger physikalischer Beanspruchungen
- zunehmenden Anforderungen an die Raumnutzung, z. B. Trockenheit der Raumluft.

22.2 Zuverlässigkeitskriterien

Die Zuverlässigkeit eines Abdichtungssystems ist im jeweiligen Anwendungsfall abhängig von folgenden Kriterien:

- Fehlertoleranz beim Einbau unter Baustellenbedingungen
- Empfindlichkeit gegenüber Witterungseinflüssen und Feuchteeinwirkung aus dem Untergrund während der Bauzeit
- Überprüfbarkeit der Dichtheit, solange die Abdichtung noch zugänglich ist
- Rissüberbrückungseigenschaften bei Riss- und Fugenaufweitungen im Untergrund
- Beständigkeit gegen mechanische Beanspruchungen während der Bauzeit
- Sicherheit gegen Hinterlaufen durch Wasser bei Beschädigung oder Versagen der Abdichtung
- Möglichkeit einer nachträglichen Leckortung und Leckbeseitigung
- Langzeitverhalten des Abdichtungssystems unter den gegebenen Einbaubedingungen.

22.3 Planungsgrundsätze in Bezug auf die Zuverlässigkeit von Bauwerksabdichtungen

Aus den vorstehenden Ausführungen leiten sich hinsichtlich der Zuverlässigkeit von Bauwerksabdichtungen folgende Grundsätze ab:

- Abdichtungen erdberührter Wände und erdüberschütteter Decken müssen grundsätzlich durch Schutzschichten vor vermeidbaren, von außen einwirkenden mechanischen Beanspruchungen geschützt werden.
- Abdichtungen gegen hohe Druckwasserbeanspruchung (Wassereinwirkungsklasse WE2.2) müssen in der Regel mehrlagig mit Bahnen ausgeführt werden. Durch vollflächige Verklebung der Lagen untereinander sowie mit dem Untergrund kann das Hinterlaufen durch Wasser im Schadenfall verhindert werden.
- Flüssig aufzubringende Abdichtungsstoffe sind bei hohen Druckwasserbeanspruchungen (Wassereinwirkungsklasse WE2.2) nicht zulässig. In der Wassereinwirkungsklasse WE2.1 sind sie mehrschichtig und mit systemzugehörigen Einlagen auszuführen. Schichtdickenkontrollen sind systematisch durchzuführen und zu dokumentieren.

Werden bei hoher Druckwasserbeanspruchung einlagige Bahnenabdichtungen ausgeführt, müssen Maßnahmen zur Vermeidung der Wasserunterläufigkeit und Prüfungen der Dichtheit sowie der Naht- und Stoßverbindungen erfolgen.

In Abhängigkeit von der Wassereinwirkungsklasse und ggf. der Raumnutzungsklasse sowie der Rissklassen sind Abdichtungssysteme zu wählen, die die Wassereinwirkungsklasse und die Rissüberbrückungseigenschaften nach der Tabelle xy einhalten werden. Die Rissklasse muss mindestens der Rissklasse des Bauteils entsprechen.

23 Wärmedämmstoffe und allgemeine bauaufsichtliche Zulassungen

Als Perimeterdämmung wird die Wärmedämmung von Bauteilen im Kontakt zum Erdreich bezeichnet. Bei dieser Anwendung ist der Wärmedämmstoff hoher Feuchte- und hoher Druckbeanspruchung ausgesetzt. Außerdem muss er verrottungsfest sein. Den hohen Anforderungen der Anwendung in der Perimeterdämmung werden nur qualitativ hochwertige Dämmstoffe gerecht.

Charakteristisch für die Perimeterdämmung ist, dass die Wärmedämmschicht auf der Außenseite des betreffenden Bauteils außerhalb der Bauwerksabdichtung angeordnet wird. Der Untergrund muss aus massiven mineralischen Baustoffen bestehen. Diese müssen entweder mit einer Abdichtung versehen sein oder aus wasserundurchlässigem Beton (WU-Beton) bestehen.

Im Erdkontakt kann die Perimeterdämmung durch den Erddruck, durch Erdfeuchte, durch Sickerwasser und Stauwasser, aber auch durch drückendes Grundwasser, durch Diffusionsvorgänge und im erdoberflächennahen Bereich der Frosteindringtiefe durch Frost-Tau-Wechsel-Einwirkung sowie durch Verkehrslasten beansprucht werden.

Die stärkste Beanspruchung erfahren Bauwerk und Perimeterdämmung in Böden mit Grundwasser, das ständig oder im Jahresverlauf langandauernd einen hydrostatischen Druck ausübt. Im Grundwasserbereich kann der hydrostatische Druck durch Dränmaßnahmen nicht verhindert werden. Bei Planung und Ausführung ist durch geeignete Vorkehrungen sicherzustellen, dass durch den Auftrieb keine Scherkräfte auf die Bauwerksabdichtung einwirken. Der Wärmeschutz von Bauteilen im Erdkontakt richtet sich nach der Nutzungsart der Kellerräume. Nach den Landesbauordnungen sind Aufenthaltsräume in Kellergeschossen zulässig, wenn der Feuchtigkeitsschutz und der Wärmeschutz gesichert ist. Bei beheizten Räumen muss die Energieeinsparverordnung berücksichtigt werden. Für unbeheizte Kellerräume oder bei niedrigen Innentemperaturen muss durch Einhaltung des Mindestwärmeschutzes verhindert werden, dass sich an kalten Kellerwänden Tauwasser bildet. Diese Gefahr besteht insbesondere in den feuchtwarmen Sommermonaten. Mit der Tauwasserbildung besteht das Risiko von Schimmelpilzbildung und der Entstehung modrigen Kellergeruches.

Die Mindestanforderung an den Wärmeschutz wärmeübertragender Bauteile beträgt nach DIN 4108-2, Ausgabe März 2001 für Außenwände gegen Erdreich: $R = 1{,}2\ m^2\ K/W$ (Mindestwärmedurchlasswiderstand), wenn die Kellerräume auf Innentemperaturen > 19 °C beheizt werden. Bei niedrigen Innentemperaturen zwischen 12 und 19 °C ist der Mindestwärmedurchlasswiderstand auf 0,55 m^2 K/W festgelegt. Für den unteren Gebäudeabschluss nicht unterkellerter Aufenthaltsräume, unmittelbar an das Erdreich grenzend, bis zu einer Raumtiefe von 5 m ist ein Mindestwärmedurchlasswiderstand von 0,9 m^2 K/W vorgeschrieben.

Diese Werte müssen an jeder Stelle, auch im Bereich von Wärmebrücken, erreicht sein.

Tabelle 9: Mindestwärmeschutzanforderungen [Quelle: FPX Fachvereinigung Polystyrol-Extruderschaumstoff]

Bauteil	Mindestwärmedurchlasswiderstand in m^2 K/W	
	Innenraumtemperatur > 19 °C	Innenraumtemperatur zwischen 12 und 19 °C
Wände von Aufenthaltsräumen gegen Erdreich	1,20	0,55
Unterer Abschluss nicht unterkellerter Aufenthaltsräume	0,90	0,90

Je nach Wandbaustoff, Wanddicke und Wärmeleitfähigkeit des Dämmstoffes können die Mindestwärmeschutzanforderungen mit Dämmschichtdicken von 40 bis 50 mm erfüllt werden.

23.1 Normative Regelungen

Zur Berechnung des Wärmedurchlasswiderstandes für den Wärmeschutznachweis dürfen nach DIN 4108-2 normalerweise nur die Schichten angerechnet werden, die raumseitig der Abdichtung liegen. Ausgenommen davon sind Wärmedämmschichten aus extrudiertem Polystyrol-Hartschaumstoff (XPS) und Schaumglas (CG). Für andere Wärmedämmstoffe wie zum Beispiel EPS- oder PUR-Hartschaumstoffe muss im bauaufsichtlichen Genehmigungsverfahren der Verwendbarkeitsnachweis durch eine allgemeine bauaufsichtliche Zulassung (abZ) erbracht werden.

23.2 Allgemeine bauaufsichtliche Zulassungen

Eine allgemeine bauaufsichtliche Zulassung (abZ) wird immer produktbezogen vom Deutschen Institut für Bautechnik (DIBt) erteilt. Sie gilt nur für das darin beschriebene Bauprodukt. Die Perimeterdämmung im Bereich von drückendem Wasser und unter lastabtragenden Gründungsplatten bedarf grundsätzlich für alle Dämmstoffe der bauaufsichtlichen Zulassung.

Die allgemeinen bauaufsichtlichen Zulassungen für Wärmedämmstoffe als Perimeterdämmung beschreiben jeweils den Anwendungsbereich. Darüber hinaus enthalten sie jeweils in Abschnitt 2 Bestimmungen für das Bauprodukt, in Abschnitt 3 Bestimmungen für Entwurf und Bemessung sowie in Abschnitt 4 Bestimmungen für die Ausführung. Für den Bauausführenden ist es keinesfalls ausreichend, bei der Dämmstoffauswahl zu wissen, dass für ein bestimmtes Produkt eine bauaufsichtliche Zulassung vorliegt. Die genaue Kenntnis der Bestimmungen in der jeweiligen bauaufsichtlichen Zulassung und deren Abgleich mit den konkreten Anforderungen beim jeweiligen Bauvorhaben sind zwingend.

Zur Verdeutlichung der verschiedenen Anforderungen der bauaufsichtlichen Zulassungen geben die nachfolgenden Tabellen einen Überblick.

Tabelle 10: Anwendungsbereiche nach abZ

Produkt	Zulässige Einbautiefe	Anforderung an den anstehenden Boden	Abstand von Verkehrslasten > 5 kN/m²	Einbau im Kapillarsaum des Grundwassers	Einbau im Bereich von drückendem Wasser
EPS	3 m	gut wasserdurchlässig	3 m	nicht zugelassen	nicht zugelassen
EPS, hydrophobiert (EPSh)	3 bis 6 m	gut wasserdurchlässig	keine Anforderung	nicht zugelassen	nicht zugelassen
PUR	3 m	gut wasserdurchlässig	3 m	nicht zugelassen	nicht zugelassen
XPS	keine Beschränkung	keine Anforderung	keine Anforderung	zugelassen	3,5 bis 7 m
Schaumglas	keine Beschränkung	keine Anforderung	keine Anforderung	zugelassen	bis 12 m

Die in verschiedenen bauaufsichtlichen Zulassungen für verschiedene Dämmstoffgruppen ersichtlichen Unterschiede in den »Bestimmungen für Entwurf und Bemessung« sind in der folgenden Tabelle aufgeführt.

Tabelle 11: Bestimmung für Entwurf und Bemessung

Produkt	Zuschlag zum Wärmedurchgangskoeffizienten DU in W/(m²K)	Auftriebssicherung im Grundwasser
EPS, EPSh, PUR	0,04	Anwendung ist nicht zugelassen
XPS	kein Zuschlag	ist nachzuweisen
Schaumglas	kein Zuschlag	ist nachzuweisen

Auch bei den »Bestimmungen für die Ausführung« gibt es bei den verschiedenen bauaufsichtlichen Zulassungen für verschiedene Dämmstoffgruppen Unterschiede.

Tabelle 12: Anwendung der Produkte

Produkt	Verlegung	Befestigung	Schutz der Dämmplatten	Anwendung bei drückendem Wasser
EPS, EPSh, PUR	1-lagig im Verband	Verkleben	nur erforderlich, falls Dämmplatten sonst beschädigt werden	nicht zugelassen
XPS	1-lagig im Verband	Verkleben	nur erforderlich, falls Dämmplatten sonst beschädigt werden	Kantenprofilierung Vollflächig verkleben Auftriebssicherung
Schaumglas	1-lagig im Verband	Verkleben	Frostschutz, mind. 2 mm frostbeständige Bitumenspachtelmasse	vollflächig verkleben Fugen vollflächig verschlossen Auftriebssicherung

Je nach Dämmstoffwahl ist zum Beispiel zu beachten, ob die Dämmplatten zusätzlich vor mechanischer Beschädigung und vor Frosteinwirkung geschützt werden müssen.

Tabelle 13: Unterschiede in den »Bestimmungen für die Ausführung« verschiedener bauaufsichtlicher Zulassungen als Perimeterdämmung

Produkt	Verfüllen	Anschlüsse
EPS, EPSh, PUR, XPS	Sand-Kies-Gemisch, lagenweise verdichten	– UV-Schutz im Sockelbereich – Schutz vor mechanischer Beschädigung – Hinterfließen durch Oberflächenwasser ausschließen – Wärmebrücken vermeiden
Schaumglas	Sand-Kies-Gemisch, lagenweise verdichten	– Schutz vor mechanischer Beschädigung – Hinterfließen durch Oberflächenwasser ausschließen – Wärmebrücken vermeiden

Tabelle 14: Auswahl der Dämmstoffe nach Boden und Wasserbelastung

Anstehender Boden	Rolliger Boden (Kies/Sand)				Bindiger Boden		
Gebäudelage	**Ebene**	**Hanglage**		**alle Lagen**	**alle Lagen**		
Wasseranfall	**gering**	**mit Dränung**	**ohne Dränung**	**drückendes Wasser**	**mit Dränung**	**ohne Dränung**	**drückendes Wasser**
EPS	CE	X	eventuell zulässig	nicht zulässig	X	nicht zulässig	nicht zulässig
EPSh	X	X	eventuell zulässig	nicht zulässig	X	nicht zulässig	nicht zulässig
XPS	X	X	X	X	X	X	X
Schaumglas	X	X	X	X	X	X	X

24 Praktische Ausführung der Perimeterdämmung

Voraussetzung für die Verlegung von Dämmplatten als Perimeterdämmung ist die fachgerechte Ausführung der Gebäudeabdichtung nach DIN 18195 (in Zukunft DIN 18533). Die erdberührten Bauteile können auch aus wasserundurchlässigem Beton nach DIN 1045 bestehen. Eine Perimeterdämmung ersetzt jedoch nicht die Bauwerksabdichtung!

Die Perimeterdämmplatten werden mit geeigneten Klebern an den Wandflächen dicht gestoßen und mit versetzten Fugen im Verband verlegt. Kreuzstöße sind zu vermeiden. Die Auswahl des Klebers ist abhängig von der Art der Abdichtung und des Dämmstoffes. Bewährt haben sich geeignete bituminöse Kleber. Die Verklebung dient hauptsächlich als Montagehilfe, die die Platten bis zum Verfüllen des Arbeitsraumes gegen Verschieben und Verrutschen sichern soll. Zur Vermeidung von Wärmebrücken sind Platten mit Stufenfalz besonders geeignet. Die Dämmschicht sorgt für den Wärmeschutz der Konstruktion. Darüber hinaus schützt sie die Abdichtung vor mechanischen Einwirkungen. In DIN 18195 werden Perimeterdämmstoffe als Schutzschichten empfohlen. Beim Verkleben ist darauf zu achten, dass die Dämmplatten nicht die Abdichtung beschädigen.

Es ist besonders darauf zu achten, dass die Perimeterdämmplatten im Fußpunkt (Hohlkehle) fest aufstehen.

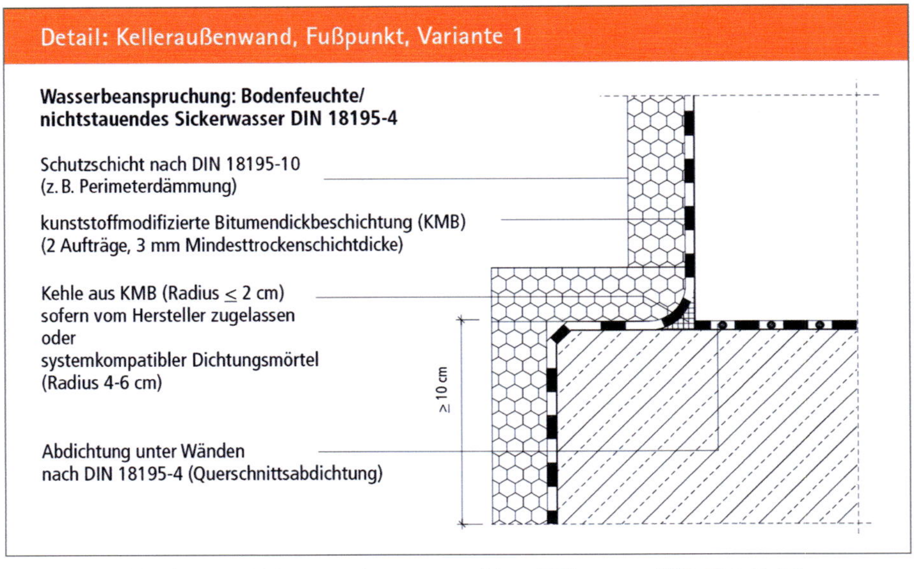

Bild 27: vollflächige Verklebung und Fugenverschluss [Skizze aus KMB-Richtlinie]

Bild 28: Vollflächige Verklebung der Dämmplatten [Quelle: Hölzen]

Dies verhindert ein Abgleiten der Platten während des Verfüllens der Baugrube und ein späteres Abrutschen durch Setzungsvorgänge. Dabei ist auch besonders auf den Schutz der Abdichtung im Bereich der Kehle zu achten. Die Aufstandsfläche muss so ausgebildet sein, dass auch eine Beschädigung der Abdichtung in der Kehle vermieden wird.

24.1 Verlegung der Dämmplatten im Verband

XPS und Schaumglasplatten dürfen auch im Bereich von ständig oder langanhaltend drückendem Wasser (Grundwasser) verwendet werden, sofern hierfür bauaufsichtliche Zulassungen vorliegen. Die Bauwerksabdichtung darf durch die Wärmedämmschicht in ihrer Funktionsfähigkeit jedoch nicht beeinträchtigt werden.

Die Dämmplatten müssen auf dem zu dämmenden Bauteil im Verband verlegt und vollflächig mit dem Untergrund verklebt werden, damit ein Hinterfließen des Dämmstoffes durch Wasser verhindert wird. Der seitliche Plattenrand ist umlaufend durch Verspachteln mit Kleber oder geeigneten bituminösen Dichtmassen vor dem Eindringen von Wasser zu schützen. Die Auftriebssicherheit gilt als erbracht, wenn bei Plattendicken von maximal 120 mm der Grundwasserhöchststand bis 1 m unter Geländeoberkante und bei einer Dämmplattendicke von maximal 80 mm der Grundwasserhöchststand bis maximal 0,5 m unter Geländeoberkante reicht.

Plattengründungen werden sowohl aus Gründen des Frostschutzes als auch der Energieeinsparung häufig unterseitig mit einer Wärmedämmung versehen.

Die dafür geeigneten Perimeterdämmstoffe wurden vom Deutschen Institut für Bautechnik (DIBt) allgemein bauaufsichtlich zugelassen. In den Zulassungen sind die zulässigen Bemessungswerte der Dauerdruckspannungen festgelegt. Die Festlegung dieser Werte basiert auf Sicherheitsannahmen, die dem spezifischen Materialverhalten des Dämmstoffes Rechnung tragen. Die Besonderheit der Anwendung von Wärmedämmstoffen unter Gründungsplatten besteht darin, dass der Wärmedämmstoff nicht nur das Eigengewicht aus der Platte und die Verkehrslasten auf der Platte (nicht ständig einwirkende Lasten), wie bei Bodenplatten ohne Gründungsfunktion, sondern ständig einwirkende Lasten und Verkehrslasten der Gebäudekonstruktion abtragen muss.

25 Anforderungen aus den Regelwerken

Immer wieder sind Schäden an Fassadensockeln im Neu- und Altbau zu beobachten. In fast allen Fällen sind die Schäden durch Feuchtigkeit entstanden. Dieses hat dann zur Folge, dass weitere Schäden, wie Ausblühungen und/oder Bauteilzerstörungen auftreten. Die Ursachen sind in der mangelhaften oder nicht vorhandenen Planung begründet. Es fehlt hier sehr oft die Zusammenarbeit zwischen den Planern und den unterschiedlichen Handwerkern vor Ort.

Wenn Instandsetzungsmaßnahmen durchgeführt werden müssen, kann in den wenigsten Fällen am Sockel ein regelgerechtes System Verwendung finden. Hier muss sich dann die Planung etwas Besonderes einfallen lassen, damit die Funktion und auch die Regeln der Technik eingehalten werden können. Somit ist dann jedes Objekt ein Unikat. Die einzelnen Situationen sind auch auf vergleichbare Anschlüsse wie z. B. auf Terrassen, Balkone, Dachterrassen, Flachdächer oder vergleichbare Bauteile übertragbar. Da die Sockelausbildung nicht immer vom Auftraggeber bzw. Architekten/Planer detailliert geplant und in der Planung dargestellt werden, kommen in der Praxis unzureichende und improvisierte »Baustellenlösungen« zur Ausführung.

Die nachfolgenden Bilder zeigen solche Situationen.

Bild 29: Anstrich und Putzschaden [Quelle: Hölzen]

Bild 30: mangelhafte Abdichtung und Dämmung [Quelle: Hölzen]

Bild 31: fehlerhafter Türanschluss [Quelle: Hölzen]

Bild 32: fehlende Bodenplattenabdichtung [Quelle: Hölzen]

Bild 33: mangelhafter Anschluss – Terrassentür [Quelle: Hölzen]

Bild 34: Mangelhafter Anschluss an der Hauseingangstür [Quelle: Hölzen]

Diese wenigen Beispiele zeigen, wie wichtig es ist, Details sorgfältig zu planen. Die Art der Ausführung und die zu verwendenden Baustoffe müssen bereits bei der Planung festgelegt werden, um die besonderen Anforderungen im Sockelbereich zu erfüllen.

Dies bedeutet zum Beispiel, dass die Baustoffe gegen die im Sockelbereich auftretende Wasserbelastung beständig sein müssen. Somit ist der Sockelbereich in erster Linie eine Abdichtungsaufgabe und in zweiter Linie eine gestalterische Aufgabe.

26 Planung

Die Ausbildung einer Sockelkonstruktion muss detailliert geplant werden. Wenn dieses geschieht, kann verhindert werden, dass so genannte Baustellenlösungen ihre Anwendung finden.

Bild 35: Sockel ohne Planung [Quelle: Hölzen]

Bild 36: kein Anschluss der Abdichtung an den Sockel [Quelle: Hölzen]

27 Instandsetzung einer Abdichtung im Sockelbereich

Bereits bei der Dimensionierung des Bauwerkes und seiner Teile muss die Planung sich besondere Gedanken machen, wie ein solches Detail ausgeführt werden kann. Dieses bedeutet auch, dass die Planung sich Gedanken macht über die Baustoffe, die dort verwendet werden, damit eine dauerhafte Feuchtebelastung nicht gegeben sein wird. Bei der Planung des Sockelmauerwerks bzw. der Sockelkonstruktion sind unterschiedliche Gewerke zusammenzuführen, wie z. B. das Maurerhandwerk, die Bauwerksabdichter, der Stuckateur, die Putzer und auch das Malerhandwerk.

Es ist wichtig, dass vor der Planung, von der planerischen Seite aus, die Geländeoberfläche festgelegt wird, so dass die handwerklichen Arbeiten und auch speziell die Abdichtungsarbeiten in den entsprechenden Höhen ausgeführt werden können. Natürlich ist es auch wichtig, dass die gestalterischen Lösungen genauso berücksichtigt werden.

27.1 Sockelabdichtungen im Bestand

Bei vielen älteren Gebäuden wurde mit zunehmender Belastung der Sockel sehr stark in Mitleidenschaft gezogen. Es sind häufig massive Anstrichabplatzungen und auch Ausblühungen zu erkennen und natürlich auch kapillar aufsteigende Mauerfeuchtigkeit, so dass hier eine Mauerwerksinstandsetzung durchzuführen ist.

Bei der Verwendung des Wärmedämmverbundsystems ist auch oft zu beobachten, dass die einzelnen Systembausteine nicht aufeinander abgestimmt sind.

Bild 37: mangelhafter Abschluss der Bauwerksabdichtung am Sockel [Quelle: Hölzen]

28 Normen und Richtlinien

Vom Prinzip her gilt die DIN 18195 für den Gebäudesockel. Der Gebäudesockel ist nach der Art der Wassereinwirkung »Bodenfeuchtigkeit« der DIN 18195 Teil 4 zuzuordnen. Die DIN 18195 berücksichtigt hier insbesondere den Feuchteschutz des Sockels und zwar 30 cm oberhalb vom Gelände. So wird dort mitgeteilt, dass die vertikale Außenabdichtung im Regelfall 30 cm (Planung) über Geländeoberfläche als Spritzwasserschutz hochzuführen ist, wobei im Endzustand das Maß von 15 cm nicht unterschritten werden darf.

Ferner wird dort festgelegt, dass dann, wenn Verblendmauerwerk vorhanden ist, diese in der Norm beschriebene und erdberührt ausgeführte Abdichtung hinter der Verblendung auf der Außenseite des Hintermauerwerks hochzuführen ist.

Die Norm sagt auch im Teil 4, dass oberhalb des Geländes die Abdichtung entfallen darf, wenn dort ausreichend wasserabweisende Bauteile verwendet werden. Wasserabweisend bedeutet, dass der Wasseraufnahmekoeffizient des Sockelbaustoffes als $w \leq 0{,}5\ kg/m^2 \cdot \sqrt{h}$ einzuordnen ist.

Zur DIN 18195 gibt es aus dem Jahre 2006 ein Beiblatt (ergänzt im März 2011) mit dem Titel »Anordnung von Abdichtungen«. Darin wird in den Beispielen ausführlich auf die Sockelsituation eingegangen.

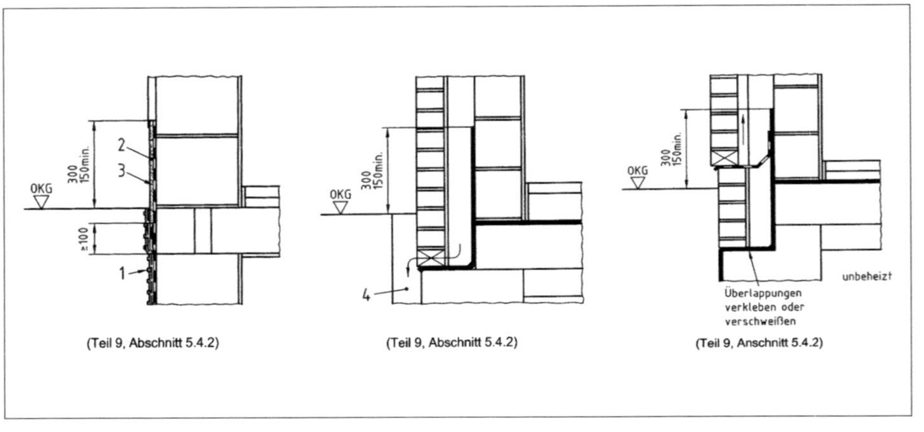

Bild 38: Beispielskizzen aus dem Beiblatt zur DIN 18195 [DIN]

Auch die neue »Richtlinie für die Planung und Ausführung von Abdichtungen mit kunststoffmodifizierten Bitumendickbeschichtungen«, Ausgabe 2010, beschreibt in unterschiedlichen Systemskizzen ausführlich diese Situation.

Detail: Anschluss an Spritzwasserbereich, einschaliges Mauerwerk, Sockelanschluss

Wasserbeanspruchung: aufstauendes Sickerwasser DIN 18195-6

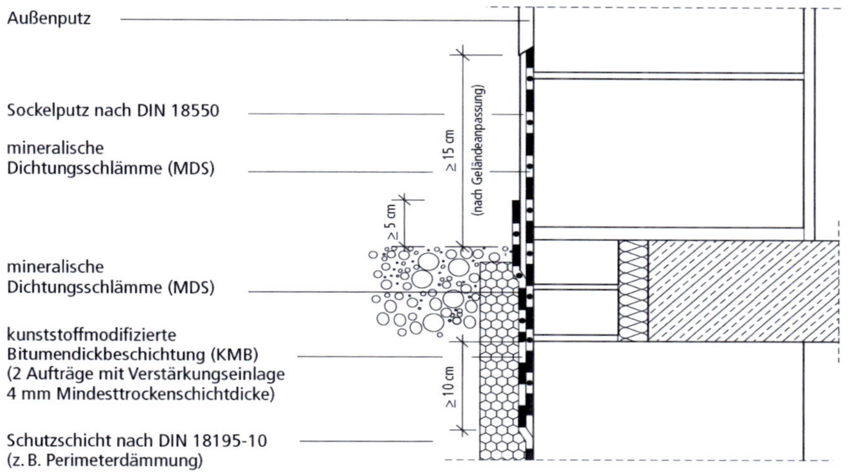

Bild 39: Sockelanschluss »einschaliges Mauerwerk« mit Putz

Detail: Anschluss an Spritzwasserbereich bei unterkellerten Gebäuden

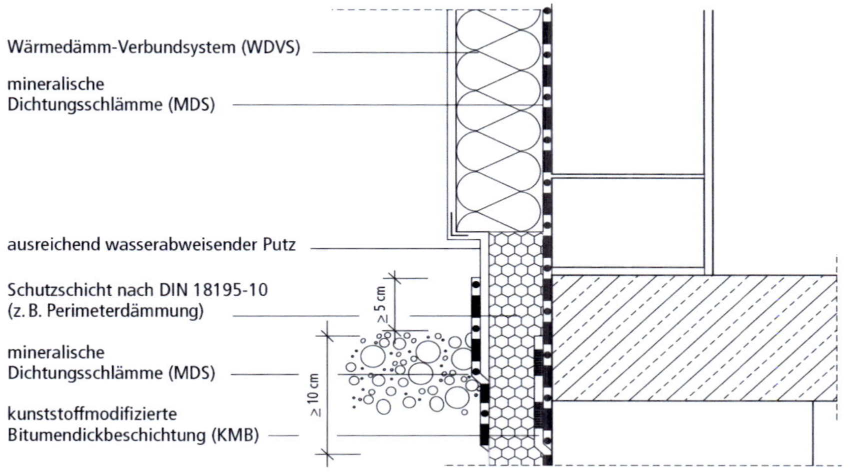

Bild 40: Sockelanschluss »Wärmedämmverbundsystem«

Detail: Zweischalige Außenwand, Sockelanschluss

Wasserbeanspruchung: Bodenfeuchte/nichtstauendes Sickerwasser DIN 18195-4

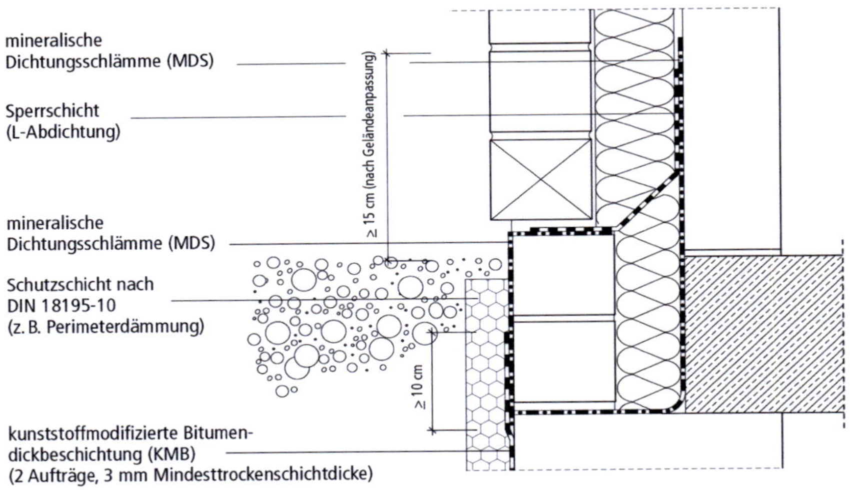

Bild 41: Ausführung Sockel bei zweischaliger Konstruktion

Desweiteren gibt es zu dem Thema eine Richtlinie mit dem Titel »Fassadensockelputz und Außenanlagen für die fachgerechte Planung und Ausführung«, herausgegeben vom Fachverband der Stuckateure für Ausbau und Fassade in Baden-Württemberg.

Auch diese Richtlinie geht ausführlich auf die Sockelsituationen ein, hier speziell bei einschaligen Konstruktionen, auch in Verbindung mit Wärmedämmverbundsystemen.

In dieser Richtlinie wird auch auf die falsche oder unzureichende Koordination der Schnittstellengewerke Stuckateur/Putzer mit Garten- und Landschaftsbauer eingegangen.

Dieses Merkblatt beschreibt die heutigen Regelwerke zur Sockelausführung wie folgt:

- DIN 18195-4 Bauwerksabdichtungen – Abdichtungen gegen Bodenfeuchte und nicht drückendes Wasser an Bodenplatten und Wänden
- DIN 18195 Bbl 1 Bauwerksabdichtungen – Beispiele für Anordnung der Abdichtungen
- DIN V 18550 Putz und Putzsysteme – Ausführung
- DIN 55699 Verarbeitung von außenseitigen Wärmedämm-Verbundsystemen
- Zulassungen von Außenwärmedämmungen, EN 13914-1 Planung, Zubereitung und Ausführung von Innen- und Außenputzen – Teil 1 Außenputz

Es gibt also ausreichende Regelwerke für die Sockelinstandsetzung. Es scheint sie jeder zu kennen, aber keiner wendet sie an. Wie könnten sonst solche Baustellen wie in Bild 42 und 43 entstehen.

Bild 42: Betonaußenwände ohne eine Bauwerksabdichtung oder Sockelabdichtung [Quelle: Hölzen]

Bild 43: keine Sockelabdichtung [Quelle: Hölzen]

Die DIN V 18550 »Putz und Putzsysteme – Ausführung« besagt zum Kellerwandaußenputz/Außensockelputz, dass, wenn Putz in Kontakt mit Erdreich eingebaut wird, besondere Abdichtungsmaßnahmen zum Schutz vor Feuchtigkeit notwendig und zu planen sind. Dieses können z. B. Abdichtungsmaßnahmen nach DIN 18195 oder mineralische Dichtschlämmen und Schutzschichten (z. B. Noppenfolien) für mechanischen Schutz sein. Der Außensockelputz muss ausreichend fest sowie wasserabweisend widerstandsfähig gegen kombinierte Einwirkung von Feuchte und Frost sein.

Die Druckfestigkeit nach EN 998-1 CS IV = Zementputz, mineralische Oberputze im Sockelbereich beträgt > 2,5 N/mm². Ein Sockelputz sowie ein Kellerwandaußenputz sind im erdberührten Bereich immer abzudichten.

28.1 Geeignete und ungeeignete Baustoffe bzw. Verfahren

Hierzu gibt es in der Richtlinie für die fachgerechte Planung und Ausführung des Fassadensockelputzes Hinweise: *»Sockelunterputze müssen wasserabweisend sein. Dies sind in der Regel alle Sockelputze der Mörtelgruppe PII/CS III und PIII/CS IV. Sockelputze sollen eine Druckfestigkeit von mindestens 10 N/mm² erreichen – dies gilt vorzugsweise für Untergründe mit hoher Festigkeit. Auf Mauerwerk der Steinfestigkeitsklasse 6 und niedriger sollen nur Mörtel verwendet werden, die eine Druckfestigkeit von ca. 5 N/mm² aufweisen, z. B. Mörtel CS III. Die heute vorliegenden Erfahrungen zeigen, dass mit Putzen von Druckfestigkeiten über 10 N/mm² (Zementputze) auf den neueren, höher wärmedämmenden Mauersteinen Schäden am Putzgrund auftreten bzw. diese Putze reißen. Insofern sind Putze der Mörtelgruppe P II/CS III die richtige Lösung unter Beachtung der Putznorm für diesen Anwendungsfall. Im Einzelfall können auch Sanierputze eingesetzt werden«.* [Richtlinie Fassadensockelputz/Außenanlage, 03/2004]

28.2 Anforderungen

Wasserabweisende Putzsysteme nach DIN V 18550 Putze bzw. Putzsysteme gelten als wasserabweisend, wenn sie folgende Eigenschaften aufweisen:

- $w \leq 0{,}5$ kg/(m² · h^{0,5}) Wasseraufnahmekoeffizient
- $s_d \leq 2{,}0$ m diffusionsäquivalente Luftschichtdicke
- $w \cdot s_d \leq 0{,}2$ kg/(m² · h^{0,5})
- Wasseraufnahme (kapillar) gemäß DIN EN 998-1
  - W0: nicht festgelegt
  - W1: c < 0,40 kg/m² min^{0,5}
  - W2: c < 0,20 kg/m² min^{0,5}

Folgende Putze sind für den Sockelbereich geeignet:

- Unterputze:
  - mineralische Werktrockenmörtel MG P II/CS III (Kalk-Zementputze)
  - mineralische Werktrockenmörtel MG P III/CS IV (Zementputze)
  - Sanierputze nach WTA.
- Oberputze:
  - mineralische Werktrockenmörtel MG P II/CS III (Kalk-Zementputze)
  - mineralische Werktrockenmörtel MG P III/CS IV (Zementputze)
  - Kunstharzputze P Org. 1.
- Nicht genormte Oberputze: (für die eine Herstellerfreigabe für den Sockelbereich vorliegen muss)
  - Silikatputze
  - Silikonharzputze.

28.2.1 Spritzwasserschutzschicht

Im Bereich des Spritzwasseranfalls ist eine zusätzliche geeignete Beschichtung auf dem Putz oder eine farblose Imprägnierung dringend zu empfehlen und auszuschreiben.

- Nicht geeignete Putze im Sockelbereich:
  - Unterputze
  - Putze, die Druckfestigkeiten von $\leq 3{,}5$ N/mm² aufweisen (Ausnahme Sanierputze)
  - mineralische Werktrockenmörtel MG P I/CS I (Luftkalkputze, Wasserkalkputze, hydraulische Kalkputze)
  - mineralischer Werktrockenmörtel MG P IV (Gipsputze)
  - Kunstharzputze P Org. 2.
- Nicht genormte Oberputze
  - Silikatputze
  - Silikonharzputze, P Org. 2.

28.2.2 Schutzmaßnahmen auf Putz- und Wärmedämm-Verbundsystemen

Zum Schutz von Putzen und Wärmedämm-Verbundsystemen in Sockel- und erdberührten Bereichen gegen Feuchtigkeit sollten z. B. folgende Materialien verwendet werden:

- mineralisch flexible Dichtungsschlämme auf Zementbasis
- mineralisch gebundene Spachtelmassen (zweikomponentige Dispersionsspachtelmassen).

Grundsätzlich ist festzuhalten, dass bituminöse Abdichtungen auf dem Putz möglich sind. Sie sind aber nicht überarbeitbar – z. B. mit einer Beschichtung – und wirken daher aus optischen Gründen vielfach sehr unästhetisch (schwarzer Rand am Übergang Gelände/Sockelputz). Davor ist eine Schutzschicht als Schutz vor mechanischer/thermischer Beanspruchung zu stellen.

Die DIN 55699 Verarbeitung von außenseitigen Wärmedämm-Verbundsystemen sagt in 5.3.3 Abdichtung gegen Bodenfeuchte: WDVS in Spritzwasserbereich geführt, muss immer eine Bauwerksabdichtung bekommen. Ein WDVS übernimmt keine Abdichtungsfunktion.

29 Objektbeispiele

Problem bei diesem Objekt war, dass die Bodenplatte gleichzeitig angehoben werden musste.

Bild 44: Objektansicht Bodenplatte schon angehoben [Quelle: Stefan G. Hock, Firma Adikon]

Bild 45: Auftrag der Dichtungsschlämme als Hinterfeuchtungsschutz
[Quelle: Stefan G. Hock, Firma Adikon]

Bild 46: Sockel mit flexibler Dichtungsschlämme abgedichtet
[Quelle: Stefan G. Hock, Firma Adikon]

Bild 47: ausgeführter Sockelputz [Quelle: Stefan G. Hock, Firma Adikon]

Bild 48: fertiger Sockel im Detail: Abdichtungshöhe ca. 6–7 cm über OKG
[Quelle: Stefan G. Hock, Firma Adikon]

29.1 Prinzipskizzen

Bild 49: der Gebäudesockel mit mineralischen Dichtungsschlämmen (MDS) – Prinzipskizze [Quelle: Remmers Baustofftechnik – Löningen]

Bild 50: mineralische Dichtungsschlämme als Querschnittsabdichtung (MDS) – Prinzipskizze [Quelle: Remmers Baustofftechnik – Löningen]

Diese Beispiele zeigen, dass eine Neubauabdichtung in gleicher Reihenfolge durchgeführt werden kann.

30 Abdichtungen in und unter Wänden nach künftiger DIN 18533 – Querschnittsabdichtungen

30.1 Grundanforderungen – Querschnittsabdichtungen

Außen- und Innenwände aus kapillar leitfähigen Baustoffen oder aus Baustoffen, die durch kapillar angreifendes Wasser geschädigt werden können, sind durch mindestens eine waagerechte Abdichtung (Querschnittsabdichtung) gegen aufsteigende Feuchtigkeit zu schützen, wenn sie auf kapillar leitfähigen Bauteilen gegründet sind (z. B. auf Streifenfundamenten oder nicht wasserundurchlässigen Bodenplatten).

Die Abdichtung selbst darf durch die einwirkenden Lasten nicht geschädigt werden. Die Querschnittsabdichtung ist so zu wählen, anzuordnen und auszuführen, dass die auf das Wandbauteil einwirkenden Lasten schadensfrei abgetragen werden. Bei seitlich durch Erddruck und ggf. hydrostatischen Druck beanspruchten Mauerwerkswandscheiben darf die Haftscherfestigkeit der mit der Querschnittsabdichtung versehenen Lagerfuge durch die Abdichtungslage nicht soweit vermindert werden, dass die Wand auf der Abdichtungslage gleitet. Bei seitlich durch Erddruck belasteten Wänden müssen Abdichtungsstoffe verwendet werden, deren ausreichende Scherfestigkeit durch langfristige Erfahrung oder labortechnische Prüfung belegt ist.

Die Abdichtungen müssen aus mindestens einer Lage bestehen. Die Auflageflächen für die Bahnen sind mit dem jeweils verwendeten Mauermörtel nach DIN 10531 so dick abzugleichen, dass waagerechte Oberflächen ohne für die Bahnen schädliche Unebenheiten entstehen.

Die Bahnen dürfen nicht aufgeklebt werden und müssen eine durchgehende Abdichtungslage bilden. Sie müssen sich um mindestens 200 mm überdecken. Die Überdeckungen dürfen verklebt werden. Wenn es aus konstruktiven Gründen notwendig ist, können die Abdichtungen in den Wänden z. B. stufenförmig ausgebildet werden, damit horizontale Kräfte übertragen werden können.

Bei zweischaligem Mauerwerk und Entwässerung unterhalb der Geländeoberfläche müssen die Stöße verklebt werden. Bei Wänden aus Beton ist die Anordnung von waagerechten Abdichtungen in den Wänden im Regelfall nicht möglich. Zum Schutz gegen das Aufsteigen von Feuchtigkeit sind im Einzelfall besondere Maßnahmen erforderlich, die vom Planer vor Beginn der Arbeiten festzulegen sind, z. B. Ausführung mit der MDS.

Ist die Bodenplatte oberseitig abgedichtet, so muss die Bodenplattenabdichtung an die waagerechte Abdichtung in oder unter Wänden (Querschnittsabdichtung) so herangeführt oder mit ihr verklebt werden, dass keine Feuchtigkeitsbrücken, insbesondere im Bereich von Putzflächen, entstehen können (Putzbrücken).

Bild 51: Fußpunktabdichtung mit PMBC – Skizze [Quelle: Remmers Baustofftechnik, Löningen]

Für die Fußpunktabdichtung sind grundsätzlich alle, auch für Querschnittsabdichtungen verwendbaren Abdichtungsstoffe, geeignet. Dickere Bahnen scheiden in der Regel aus, da sie (besonders an Überlappungen) in der Lagerfuge zu viel Raum einnehmen und der vordere Rand optisch stören würde.

Verwendbar sind daher Bitumenbahnen (z. B. G 200 DD), Kunststoffbahnen (z. B. PVC-weich, 1,2 mm dick), unter bestimmten Randbedingungen auch dünnere Kunststofffolien mit allgemeinem bauaufsichtlichen Prüfzeugnis zur Verwendung als Mauersperrbahn (z. B. Polyolefin 0,4 mm dick).

Besteht der Untergrund stetig aus Mauerwerk, Mörtel oder Beton z. B. am Bodenplattenrand, können auch rissüberbrückende Mineralische Dichtungsschlämmen (MDS) 2 mm dick und (PMBC) 3 mm dick eingebaut werden.

Bild 52: Fußpunkt vor der Verblendung, mit PMBC abgedichtet [Quelle: Hölzen]

Bild 53: Fenster und Bodenanschluss mit PMBC abgedichtet [Quelle: Hölzen]

31 Zusammenfassung

Bauwerke brauchen einen bewährten Wetter- und Spritzwasserschutz. Bei der Instandsetzung und Sanierung von Gebäuden ist der Feuchteschutz vor den Wärmeschutz zu stellen.

Energieeffizientes Bauen muss nicht im Widerspruch zum respektvollen Umgang mit dem baukulturellen Erbe stehen. Der Einsatz von Abdichtungsstoffen sollte durch eine erweiterte Bewertung der Sanierungsmaßnahmen begleitet werden. Auch Innendämmungen an historischen Gebäuden stellen in mehrfacher Hinsicht eine Herausforderung dar.

Sind die neuen Materialien mit der bestehenden Gebäudekonstruktion verträglich und inwieweit ist es sinnvoll, überhaupt eine Dämmung zu fordern? Wie hoch sind die energetischen Potenziale? Aber auch die Schadensrisiken müssen quantifiziert werden. Wie kann man die Nutzungsanforderungen mit dem Schutz der Gebäudehülle in Einklang bringen?

Die energetische Sanierung und Umnutzung bestehender Gebäude bietet die Chance, wertvolle Gebäude zu erhalten. Dazu ist die Planung einer auf die Konstruktionen abgestimmten Maßnahme erforderlich.

Stichwortverzeichnis